PERFECTION DU MATIN

Sharon Butala

Traduit par Nicole Côté
et Anton Iorga

la nouvelle plume

Perfection du matin
Traduction de *THE PERFECTION OF THE MORNING: AN APPRENTICESHIP IN NATURE*

Butala, Sharon

Les Éditions de la nouvelle plume remercient le Conseil des Arts du Canada, le Saskatchewan Arts Board et Patrimoine canadien pour la publication de cet ouvrage.

Traduction : Nicole Côté et Anton Iorga
Les traducteurs reconnaissent l'aide du Centre international de traduction littéraire de Banff, Banff Centre, Banff, Alberta, Canada

Maquette de couverture : Noblet Design Group

Photo de la couverture : Stephane Bonneville

Mise en page : LM Publications Services

Direction du projet : Françoise Sigur-Cloutier

Dépôt légal 4e trimestre 2007
ISBN 978-2-921385-58-9

Les Éditions de la nouvelle plume
3850 rue Hillsdale, bureau 130
Regina (Saskatchewan) Canada S4S 7J5

306-352-7435
nouvelleplume@sasktel.net
www.nouvelleplume.com

Imprimé à Saskatoon par Houghton Boston

AVANT-PROPOS

J'ai accepté de traduire *Perfection of the Morning* (Sharon Butala) parce qu'un certain nombre de Fransaskois et Fransaskoises considéraient comme importante la traduction de ce livre en français et en avaient parlé à l'éditrice des Éditions de la nouvelle plume, Françoise Sigur-Cloutier. En effet, ces Fransaskois appréciaient l'Ouest que Sharon Butala avait esquissé et voulaient une représentation en français de ce paysage qu'on associe exclusivement aux anglophones, puisque les grandes fermes de monocultures de cette envergure n'existent pas dans la francophonie. Traduire cette réalité, c'était donner des mots à une communauté francophone minoritaire qui avait vécu sur cette terre, et où ses enfants vivraient peut-être.

Si la forme même de *Perfection du matin* est composite au point où, par la variété du matériel abordé, elle pourrait être comparée à celle d'une étude ethnographique, on peut imaginer qu'il en est de même pour le vocabulaire. Parce que le genre dans lequel Butala a écrit *Perfection du matin* est mixte, qu'il soit récit, autobiographie ou essai, l'éventail de ce vocabulaire s'élargit pour tenir compte des deux principaux registres — émotif ou rationnel, connotatif ou dénotatif — qui y cohabitent. Même après avoir fait une rapide lecture de l'oeuvre, je n'étais pas préparée à la variété des terminologies intégrées au récit de Butala : terminologie du ranch et de la ferme de monoculture; terminologie géographique, géologique et météorologique, botanique, archéologique et anthropologique, pour ne nommer que quelques-uns des domaines liés à cet espace de la Plaine du sud-ouest de la Saskatchewan. Le style de *Perfection du matin* n'est pas moins hybride, avec ses longues et sinueuses phrases qui se rapprochent du rythme et de la syntaxe de la conversation.

Si je fais mention ici de détails d'ordre technique comme le style et le vocabulaire, c'est qu'il me semblait que traduire un tel ouvrage, c'était faire accéder les Fransaskois et autres francophones à cet imaginaire de l'Ouest en français; c'était leur donner des outils dans leur langue pour se représenter leur monde, le faire exister en français.

Comment aborder un ouvrage si difficile à classer? D'un point de vue biographique, on pourrait dire que ce sont les mémoires d'une jeune femme de milieu urbain et universitaire qui s'aventure dans une région reculée de la province, désertique et sauvage. Butala débute ses mémoires comme la chronique d'un peuple en voie de disparition — les ranchers, qui accomplissent à peu près toutes leurs tâches à dos de cheval. *Perfection du matin* est donc une très belle méditation sur la terre, sur le mode de vie presque éteint des ranchers. Mais l'ouvrage est également le récit du voyage émotif et spirituel d'une femme de la ville qui doit vivre dans un milieu rural incroyablement isolé et qui en ressort écrivaine. En effet, Butala inscrit dans cette chronique au quotidien les confessions d'une jeune artiste en herbe — *Portrait de l'artiste en jeune cow-girl*, pourrait-on dire. En chemin, elle lutte farouchement pour trouver sa place dans une communauté conservatrice, où les femmes doivent accomplir une diversité remarquable de tâches tout en maintenant un statut quasi-invisible. Comme on le voit, contrairement à « Brokeback Mountain » — la nouvelle d'Annie Proulx dont Ang Lee a tiré un très beau film — le point de vue de la narration est ici celui d'une femme, un angle doublement rare dans la représentation du Far-West en ce qu'il est féminin, et en français dans la traduction.

L'une des conséquences du genre hybride de ce récit est qu'il offre des représentations opposées, comme on l'a vu — d'un côté, le monde sensoriel et concret des ranchers dans une nature restée presque intacte, et d'un autre, celle d'un monde intérieur aussi vaste que les Plaines. En effet, Butala entreprend dans son nouveau milieu son corps-à-corps avec la solitude et la dépression, prémisses de la profonde crise identitaire qui s'ensuivrait, et qui permettrait la naissance d'un être nouveau, l'écrivaine. Cette période d'introspection permet à Butala d'explorer un registre d'émotions très étendu et particulièrement fin. Le chapitre intitulé « Anomie » est peut-être le plus purement introspectif, et est caractéristique de ce point de non-retour où l'évocation lyrique des promenades à cheval et à pied dans une nature resplendissante le cède à une promenade à l'intérieur de soi. La très honnête description qu'a fait Butala du désespoir résultant du changement de contexte et de cultures, sa brave tentative d'en faire sens en l'ordonnant en récit, constituent selon moi un document qui permettra peut-être également aux femmes franco-canadiennes, en particulier à celles des milieux ruraux, de donner des mots dans leur langue à l'obscur désespoir d'être femme et minoritaire dans un pays où l'on considère généralement que la lutte pour le français est aussi gagnée que celle des droits des femmes parce que des lois les protègent.

Perfection du matin me semble être, après relecture, non seulement le touchant témoignage d'une citadine qui naît à l'écriture à force de méditer sur sa vie et sur la terre, mais également un plaidoyer pour une nouvelle relation entre les communautés et la terre. Sa description d'un mode de vie en voie de disparition dans les splendeurs d'une nature elle-même menacée, l'omniprésence des Premières Nations, reconnues dans leur durable minorisation, deviennent une ode à l'endurance, qu'elle soit celle d'un individu ou celle d'une collectivité.

Nicole Côté

PRÉFACE AU DIXIÈME ANNIVERSAIRE DE LA PUBLICATION INITIALE

En 1994, lorsque j'ai publié cet ouvrage, je ne nourrissais pas beaucoup d'espoir quant à sa réception, bien que l'écrire me parût nécessaire. J'étais heureuse qu'il soit publié, mais je m'attendais à ce que les gens ne croient pas ce que j'avais à dire, en dépit de mon récit du long et dur labeur qui m'avait menée à cette constatation.

La réimpression de cet ouvrage est pour moi une agréable surprise, non seulement parce que la plupart des livres sont habituellement épuisés peu après leur publication, mais parce que, de la même manière que ce livre a rejoint certains Canadiens et Canadiennes en 1994, il doit en rejoindre d'autres aujourd'hui. J'ose espérer qu'il a ouvert la voie à d'autres auteurs qui désiraient écrire sur la nature d'une nouvelle manière — nouvelle pour notre génération, mais pas pour le monde des lettres de langue anglaise —, c'est-à-dire sur la façon dont la nature affecte notre spiritualité, son pouvoir inexplicable sur les sens, sa façon d'entrer dans nos rêves la nuit et d'ouvrir la psyché à un monde vaste et inédit. Notre besoin de la nature est un besoin qui dépasse celui de moyen de subsistance ou de récréation. Les humains totalement coupés de la terre, comme de nombreux Nord-Américains sont en voie de le devenir, ont perdu un aspect de leur humanité même.

Lorsque cette nouvelle édition paraîtra, j'aurai vécu ici sur cette terre du sud-ouest de la Saskatchewan près de trente ans. Je ne ressens plus si violemment la solitude dont je parle dans ce livre; ma profonde crise spirituelle est terminée, ou du moins s'est atténuée suffisamment pour que ma vie soit la plupart du temps agréable. Si rien ne m'était arrivé, je n'aurais pas eu à creuser si profondément en moi pour trouver de quoi subsister : je ne serais pas devenue écrivaine. Mon profond respect pour la terre grandit, quoique je vieillisse et trouve plus difficile de passer des heures à marcher dans la prairie. Mon humilité vis-à-vis les vastes connaissances des Premières Nations des Plaines grandit également, de même que mon regret que nous ayons mis si longtemps à entendre ce que ces Nations essayaient de nous dire.

Le désir de mon mari était que les treize mille hectares de prairie indigène vierge qui lui appartenaient — dont ce livre parle essentiellement — demeurent dans leur état naturel. En 1996, nous avons pris des dispositions avec la Société canadienne pour la conservation de la nature et le gouvernement de la Saskatchewan afin de les rendre propriétaires de ce qui avait été le ranch Butala. En 2003 et 2004, on a introduit cinquante jeunes bisons de la réserve d'Elk Island, vingt-cinq mâles et autant de femelles, sur la surface que couvrait le ranch, désormais appelée *Old Man on his Back Prairie and Heritage Conservation Area.* Avec les efforts de restauration de la prairie sur les quelques hectares qui avaient été labourés, Peter affirme que les choses ont encore mieux tourné qu'il ne l'avait espéré. Nous souhaitons connaître ensemble une vieillesse paisible, satisfaite, au lieu de nourrir des regrets sur ce qui pourrait avoir été perdu pour de bon.

Une partie de moi éprouve toujours une grande tendressse pour ces premières années où, parfois près du désespoir, parfois remplie d'un respect se rapprochant de la crainte, j'ai appris à marcher dans la prairie et à m'abandonner à ses merveilles.

Sharon Butala
(Vallée de la rivière Frenchman, 27 décembre 2004.)

PRÉFACE

En 1976, à trente-six ans, j'ai épousé mon second mari, Peter, et je suis venue ici pour vivre sur ce ranch, dans l'extrême sud-ouest de la Saskatchewan, juste au nord de la frontière du Montana. Bien que je sois née en Saskatchewan et que j'y aie vécu toute ma vie, excepté pendant cinq ans, j'étais arrivée dans un paysage extraordinaire et si étrange que je n'en avais jamais soupçonné l'existence dans cette province. Je n'avais rien étudié de cette région à l'école puisqu'aucun explorateur ne l'avait traversée, aucun d'eux ne s'étant aventuré si au sud, les milles et les milles de prairie ouverte étant aussi intimidants qu'un océan pour un voyageur du XIXe siècle.

Au cours de mes voyages d'un bout à l'autre du pays, je n'avais pas vu ce paysage parce qu'aucune autoroute importante ne le traversait; les gens prenaient leurs vacances plus au nord, dans la région des lacs, ou dans la vallée Qu'Appelle au sud-est, cependant que la Saskatchewan du sud-ouest, pour autant que je sache, n'avait qu'un le minuscule lac artificiel au centre du parc de Cypress Hill, et aucun réseau de rivières. Il me semble désormais difficile d'imaginer que je ne connaissais rien d'un endroit qui couvre environ vingt-huit mille kilomètres carrés, un endroit qui fait cinq fois la grandeur de l'Île-du-Prince-Édouard et qui est un peu plus grand que le Vermont.

Le sud-ouest de la Saskatchewan s'inscrit dans la région des vastes Plaines de l'Amérique du Nord, une région qui s'étend au nord jusqu'à Edmonton et au sud jusqu'au Texas. C'est un haut plateau — le ranch Butala se situe à mille mètres d'altitude, une élévation typique de cette région, ce que j'avais deviné la première fois que Peter m'y avait conduite, comme le terrain et l'air me semblaient tous deux exhaler les hauteurs. Sa topographie correspond à des collines basses et ondulantes et à des terrains herbeux plats ou inclinés, entrecoupés ici et là par des coulées, des gouffres de dimensions variées érodés par la pluie et l'eau de la fonte des neiges, et où se trouvent des buissons ou des arbres, souvent des conifères. Très peu d'arbres poussent naturellement ailleurs — une municipalité tout près est même baptisée *Lonetree* —, car il n'existe pas d'abris contre le vent et le soleil. Les coulées fournissent le seul refuge contre la brûlure insistante du soleil d'été ou des blizzards l'hiver, et constituent des abris pour les cerfs, les lièvres et autres petits animaux, ainsi que pour les oiseaux. Ce sont toujours des endroits fascinants à explorer car leurs flancs escarpés d'argile offrent des tanières pour les familles de lynx ou de coyotes ainsi que des endroits élevés pour ancrer les gros nids réutilisables des aigles royaux, des nids faits de branchailles et de ramilles.

Le climat est extrême, avec des températures oscillant entre moins cinquante degrés Celcius et plus quarante. Un vent omniprésent apporte des blizzards d'une rigueur effroyable l'hiver, et l'été, des tornades qui, en raison de la population dispersée, causent peu de dommages, et sont rarement rapportées. J'étais habituée à un climat rigoureux en tant que Saskatchewanaise, mais également habituée à me défendre contre les montagnes de neige, je fus suprise de découvrir que, certains hivers, mois après mois, le sol pâle, gelé à pierre fendre, n'était recouvert que d'une occasionnelle mince couche de neige sèche. Durant les premières années, avant que je ne m'habitue aux hivers d'ici, je trouvais déprimant de regarder par ma fenêtre de cuisine et de voir, jour après jour, durant le long hiver, au lieu des champs de neige scintillante aux tons passant du blanc et de l'argent au bleu et au violet, un paysage d'un brun grisâtre dépourvu de végétation. Mais, pour notre bonheur, cette région de la province est visitée par des chinooks, ces vents chauds qui, soufflés depuis l'Alberta durant l'hiver, font disparaître le peu de neige et apportent soudainement des températures de printemps au milieu des froids les plus rigoureux.

Comme l'écrivain américain Wallace Stegner — résident d'Eastend de 1914 à 1920 — l'a remarqué, le vrai Ouest des deux côtés de la frontière est défini par son aridité. En termes pratiques, l'établissement de gens dans une région a toujours été déterminé par la disponibilité de l'eau potable, d'un approvisionnement fiable pour le bétail, d'une humidité suffisante pour assurer des récoltes. Je ne le savais pas à ce moment, mais l'endroit que j'allais appeler mon chez-moi est situé dans la partie la plus aride d'une région si aride que les précipitations annuelles s'élèvent à un maigre trente et un centimètres (douze pouces). L'eau est de fait une ressource rare : son manque détermine la flore — des espèces qui conservent l'eau, comme le cactus —, la faune — qui doit couvrir de longues distances pour s'abreuver ou vivre avec très peu d'eau — ainsi que le gagne-pain de ses habitants.

Après avoir passé quelque temps ici, je commençais à sentir que le souci constant de l'eau pour les besoins les plus fondamentaux forme également le caractère de ses habitants, car la génération la plus âgée tend à en être déterminée parfois jusqu'à la rigidité, la contenance lugubre de ses membres, dont le rire d'estomac est plus que rare, trouvant son soulagement dans un humour laconique, sec.

Comme partout dans l'Ouest, les rivières sont rares, petites, et tendent à s'assécher durant les années de sécheresse. Au sud de la Saskatchewan Sud, qui constitue la frontière nord de ce territoire, la seule vraie rivière est la Frenchman, qui prend sa source dans les Cypress Hills, suit son cours plus ou moins vers le sud-est jusqu'à ce qu'elle traverse la frontière du Montana près de Val-Marie, et finisse par se jeter dans le bassin Misssouri — Mississipi. La Frenchman était autrefois appelée la « Boue blanche » en raison des affleurements d'argile blanche de haute qualité qui brille au soleil sur ses rives escarpées et dénudées et dans les vallées des rivières de la région. Encore aujourd'hui, cette argile blanche est extraite de la vallée Ravenscrag, qui s'étend à l'ouest d'Eastend, et est transportée tous les jours à Medicine Hat, où elle est transformée en conduits d'irrigation ainsi qu'en contenants et ustensiles de céramique.

Avant l'arrivée des colons ou des ranchers, la rivière était appelée «Frenchman» aux États-Unis et «Boue blanche» au Canada, et sur les premières cartes géographiques, on trouvait un espace vide entre la fin de l'une et le début de l'autre. Lorsqu'il fut démontré qu'elles correspondaient à la même rivière — comment ne puis-je me demander qui a fait ce premier voyage de découverte, son nom n'ayant pas passé à l'histoire? —, le nom au Canada en fut changé pour celui de rivière Frenchman. Les autres cours d'eau importants de la région sont tous les deux qualifiés de ruisseaux ou criques : le crique Swift Current et l'historique crique Battle, « historique » parce que le massacre des Cypress Hills y eut lieu au printemps 1873; c'est l'événement qui fit venir dans l'Ouest la Police montée du Nord-Ouest. Durant les pires années de sécheresse, les trois criques sont souvent asséchés, du moins aux points où aucune source ne les alimente.

L'endroit, en fait, a été désigné depuis des temps historiques comme étant trop sec pour la culture, car il appartient au triangle Palliser, une appellation qui ne recouvre pas tout à fait la région sud-ouest de la Saskatchewan, puisque le triangle s'étend jusqu'à la région sud-est de l'Alberta. La région a été nommée en l'honneur du capitaine John Palliser, un officier de l'armée irlandaise engagé par l'armée britannique sous les auspices de la Société géographique royale en 1857 pour évaluer cette région de l'Ouest canadien quant à la possibilité d'agriculture. Son rapport, qui n'a pas été publié avant 1869, décrit une région triangulaire dont la base est la frontière canado-américaine entre les 100e et 114e degrés de longitude et qui a pour pointe le 52e degré de latitude, et considère l'essentiel — sinon l'ensemble — du sud-ouest de la Saskatchewan comme étant impropre à l'agriculture.

Mais le gouvernement canadien devint vite impatient d'empêcher les Américains — dont la politique de destinée manifeste les faisait regarder au-delà de leur frontière avec un oeil avide —, qui faisaient leurs randonnées à cheval dans cette région inhabitée, d'en devenir les maîtres. Le rapport de Palliser exerça un certain temps un effet dissuasif sur la colonisation, mais avec le temps et les encouragements d'autres qui avaient étudié sur place le même territoire et qui étaient revenus avec des rapports plus favorables (aucun d'entre eux, toutefois, n'atteignit l'extrême sud d'où j'écris ceci), l'endroit fut tout de même ouvert à l'agriculture. La déclaration de Palliser, toute calomniée qu'elle ait été, contient assez de vérité pour l'empêcher d'être effacée, et pèse sur cette terre jusqu'à ce jour.

La topographie la plus remarquable, celle dont moi-même j'avais entendu parler, est celle des Cypress Hills au nord d'ici, des collines qui traversent la frontière Alberta-Saskatchewan et s'étendent assez au sud et à l'est pour rendre compte du nom de la ville Eastend. Les collines Cypress s'élèvent à un extraordinaire mille trois cent quatre-vingt-douze mètres, le plus haut point entre les Rocheuses et un sommet au Labrador. Il n'y a pas de cyprès aux Cypress Hills : les pins lodgepole qui y poussent ont ainsi été nommés par les Métis, pour qui le terme signifiait « pin gris ». En raison de leur parfaite verticalité et de leur longueur, ces pins étaient utilisés par les Premières Nations comme mâts de tipis.

Non seulement les collines Cypress sont magnifiques, mais, avec le mont Wood à environ trois cents kilomètres au sud-est, elles sont uniques dans l'Ouest. Durant le Pléistocène, il y a dix à douze millions d'années, quand les glaciers ont raclé la surface de la région, les plus hauts sommets des collines étaient demeurés au-dessus du niveau de la glace. Encore aujourd'hui, on retrouve ici une certaine flore montagneuse qui ne grandit pas ailleurs que dans les Rocheuses, deux cents milles à l'ouest!

Le climat et la faune des Cypress Hills sont assez différents de la prairie ondulante qui les entoure; ces collines sont d'ailleurs considérées comme l'attraction locale. Familière comme je l'étais avec la forêt, les Cypress Hills boisées n'offraient toutefois pas autant d'intérêt pour moi que les grandes étendues de prairie basse du sud. Dans un champ d'herbes rases faisant entre six et douze pouces de hauteur, ou sur une route avec des champs ouverts de chaque côté qui se terminaient par une ligne de collines basses à l'horizon sous le ciel, il me semblait avoir été libérée dans les éléments même. C'était comme si les endroits où j'avais vécu — les forêts de mon lieu de naissance dans le nord, celles de la Nouvelle-Écosse, ainsi que les montagnes, l'océan et les basses-terres continentales de la Colombie-Britannique, n'étaient que des erreurs de la Nature. Il me semblait avoir enfin trouvé le seul vrai paysage, l'endroit où le soleil, la lune et les étoiles brillaient librement, prêtant leur lumière aux herbes pâles, les peignant aux couleurs lumineuses d'abricot, d'or, de mauve, ou de rose. Je n'avais jamais vu une telle beauté.

Je ne soupçonnais pas cette beauté en cette fin de semaine d'il y a dix-huit ans où je voyais pour la première fois cette région, mais j'y étais arrivée à un point tournant de son histoire. Le dernier point tournant mémorable de cette région remontait aux années 1870, lorsque les centaines de milliers de bisons qui s'y étaient aventurés avaient été chassés presque jusqu'à extinction. La perte des fondements des cultures des Premières Nations, particulièrement de leur source principale de nourriture, était en partie responsable du fait que les Cris et les Ojibways des Plaines avaient fini par signer le traité numéro 4 en 1874, et que les Pieds-Noirs avaient signé le traité numéro 7 en 1877. La vie nomade originale menée par les Premières Nations des Plaines pendant des milliers d'années s'était alors terminée, et une nouvelle époque, celle de l'agriculture européenne, débutait.

Les traités avaient poussé les Premières Nations à quitter la région, la rendant sans danger pour que des ranchers — souvent des Américains — utilisent les terres afin de laisser paître leurs grands troupeaux. Le sud-ouest de la Saskatchewan devint rapidement connu pour ses immenses ranchs : le Z-X, le Turkey Track, le Matador, le Wallace and Ross Spread — en fait un ranch albertain si vaste que ses terres louées s'étendaient jusqu'en Saskatchewan —, et le T-Down, sur une partie duquel Peter et moi vivons désormais, et où se situe notre ferme fourragère.

Peu à peu, au cours des vingt années suivantes, les ranchers durent céder du terrain aux cultivateurs. Aujourd'hui, la plupart des vastes étendues d'herbe rase ont été labourées pour laisser place aux récoltes, principalement au blé durum et de printemps, ce qui changea pour de bon l'apparence du paysage, et, bien sûr, sonna le glas — bien que d'autres influences y eussent également contribué — de la plupart des ranchs.

Lorsque j'arrivai ici, la seconde période de changements majeurs était sur le point de commencer. Bientôt les conditions furent réunies — une pluie suffisante, la montée des prix du blé, des politiques gouvernementales bienveillantes — d'une prospérité telle que le sud-ouest de la Saskatchewan n'en avait jamais connu, et que les gens la virent comme la réalisation des prédictions optimistes de ceux qui avaient attiré les colons sur ces terres inhospitalières soixante-quinze ans plus tôt. Personne n'avait alors idée que cette aubaine ne serait qu'une note ironique sur une vaste et triste — quoique incomplète — métamorphose. Si, durant mes premières années, je regrettais souvent amèrement ma décision de venir vivre ici, avec du recul, je ne ferais pas d'autre choix, ne fût-ce que pour le privilège, affreux par moments, d'être témoin de cette seconde tragique transformation.

Ayant pris la décision fatidique de rejeter ma vie antérieure en faveur d'une toute nouvelle vie, dans les débuts, je trouvais difficile, même douloureux, de m'établir socialement, et me demandais si je pourrais un jour être membre à part entière de ma nouvelle société rurale. Pourtant, je fus si impressionnée par la beauté et l'ouverture du paysage que je sentis enfin mon âme trouver sa demeure. Lentement, toute à ma joie d'admirer la beauté de ce nouveau paysage, je commençais à apprendre des choses, à voir ma vie différemment. Je commençais à réaliser que la vie pour nous tous dans l'Ouest est formée et informée par la nature, ce que nous ne remarquons pas consciemment. Enfin, tout ce que j'appris me mena à ce livre.

Récemment, une amie remarqua qu'elle luttait pour rendre sa vie « congruente ». Je n'avais jamais auparavant entendu ce terme, et, jargon de psy ou non, il me parut approprié. Il me paraissait une description précise de ce que ma vie semblait être devenue. J'étais arrivée en étrangère dans cet endroit magnifique et quelque peu terrible où vivre, avec son histoire plus tragique que triomphante, et pourtant cela ne m'empêchait pas de découvrir graduellement — bien que ce ne fût pas facile — une manière de me sentir bien dans ma peau et dans cet endroit.

Dans cette lutte pour m'ajuster — pour devenir « congruente » — je devins non pas la peintre que j'avais déjà été, mais une écrivaine, et je découvris que l'écrivaine que j'étais devenue était le moi à la recherche duquel j'avais été pendant de si nombreuses années. Mais en même temps, c'est l'acte d'écrire qui a créé et continue de créer ce moi que j'ai enfin trouvé, et l'écriture agit comme un instrument d'intégration entre moi et mon environnement, principalement ma maison dans le paysage. Les dix-sept dernières années ont été un long voyage spirituel, intensément personnel, un voyage inextricablement lié à ma *re-connaissance* de la terre et aux effets de cette relation renouvelée avec la nature sur mon âme de femme.

Perfection du matin avait débuté comme un petit livre impersonnel sur la construction d'une relation avec la nature. En écrivant et en récrivant, je commençai à voir qu'il n'était pas possible de séparer mon voyage spirituel et ma vie des raisons et des effets de mon contact quotidien avec la nature. Je ne voulais pas écrire sur le mode autobiographique, et j'évitai ce mode aussi longtemps que je le pus, mais ce livre évoluait, et je reconnus graduellement qu'il devrait devenir autobiographique, ne serait-ce que pour clarifier ses thèmes.

Néanmoins, sous un certain angle, toute non-fiction est fiction : la recherche à rebours de l'événement fortuit, des détails à travers les souvenirs rejetés sur le rivage de la vie, en vue de la quête d'un motif, de thèmes, d'un sens, est, par nature, une imposition d'ordre sur ce qui était chaotique. C'est une tentative de donner une linéarité aux événements — dont certains psychiques — qui n'en avaient pas, qui étaient peut-être même en spirale ou avaient la qualité d'un rêve bousculé. Les pensées, les rêves, les visions sont vrais. Ce qui peut être vrai ou pas, c'est l'ordre et la synchronisation des événements, la perception qu'on en a et les liens qu'on établit entre eux. Il est vrai, d'un côté, que tout est ce qu'il semble être — ce que j'aime souvent me rappeler —, mais d'un autre côté, il est également vrai que rien n'est ce qu'il semble être. Je commence à penser comme les Bochimans — car Laurens Van der Post rapporte qu'ils croyaient qu'au commencement, un rêve nous rêvait — et comme Clifton Fadiman, qui disait que plus il vieillissait, plus sa vie lui semblait avoir été, plutôt qu'une série d'événements réels, un long et intéressant rêve. En écrivant ce que le monde appelle une autobiographie, je suis déchirée entre les faits, l'histoire et la vérité de l'imagination, et c'est vers cette dernière, finalement — en termes d'histoire personnelle — que je penche.

En ce qui concerne les gens de cette terre — leur histoire, l'économie de la région, les statistiques et la situation actuelle — j'ai essayé d'être aussi factuellement précise que possible.

LE RÊVE DE L'ESPRIT COYOTE

Le jour où je quittai Saskatoon pour de bon, j'avais vendu ma maison, abandonné un emploi prometteur d'enseignante à l'université ainsi qu'une maîtrise presque complétée, dit au revoir à un cercle de bonnes amies, à ma mère, à trois de mes quatre sœurs et à leurs familles qui habitaient cette ville. J'étais à la fois plutôt fière de ma propre audace et un peu consternée : l'image d'un pont en flammes s'imposait à mon esprit, et j'alimentais gaiement le feu, avec un sentiment qui se rapprochait du triomphe.

Même si elles n'en disaient rien, je savais que mes amies, autant que ma famille, croyaient que je commettais une erreur irréparable. Le prestige d'un emploi à l'université est tel — le sentiment général étant que ceux qui choisissent d'y passer leur vie font partie des élus — que mes amies étudiantes des cycles supérieurs et chargées d'enseignement durent trouver ma démission très dure à comprendre. Si ma mère et mes sœurs retenaient leur souffle, ne voulant guère porter de jugement et s'efforçant, en dépit de tout, d'être optimistes, je savais que mes amies s'attendaient à me voir revenir, fraîchement divorcée, un an plus tard ou même avant, car les mariages ratés étaient monnaie courante à l'époque — divorce, séparation, remaniement de couples; puis encore des séparations, des divorces, et des gens malheureux.

Et, à vrai dire, durant les deux ou trois premières années de ma nouvelle vie, je m'étais répété que si j'avais vraiment compris ce dans quoi je m'aventurais, je ne m'y serais jamais lancée, ne m'étant pas rendu compte avant de partir que si mes propres amies et ma famille avaient leurs doutes à propos de notre mariage, il en était de même pour la famille de Peter, ses amis, et même son homme de main. Dans ma nouvelle vie, je devrais apprendre à supporter, à tout le moins, les regards sceptiques et, pour chaque personne accueillante, il ne manquerait pas d'y avoir des gens qui, faute d'être gentils, seraient mieux avisés de se taire au sujet de ma compatibilité avec Peter à titre d'épouse.

Peter était né sur le ranch familial, un ranch isolé dans la chaîne des collines *Old Man On His Back*, au sud des collines Cypress, et au nord de la ligne mauve des cimes des montagnes *Bear Paw* dans le Montana. Il n'avait jamais vécu ailleurs. Contrairement à la plupart des hommes de la ville que je connaissais, il ne nourrissait pas cette amertume secrète née d'une vie insatisfaite : il adorait sa vie rurale de cow-boy propriétaire de ranch. Il se sentait à l'aise dans sa communauté, entouré de cow-boys qui étaient allés à l'école avec lui, avaient partagé avec lui de bons moments aussi loin qu'il se souvînt, et dont il connaissait les épouses depuis leur enfance, leurs enfants grandissant dans le même monde rural et agricole que leurs parents, grands-parents, ou même arrière-grands-parents.

C'était peut-être son calme — engendré par le profond sentiment de sécurité que procure une vie vécue entièrement au même endroit — et son sentiment de la valeur de sa vie qui m'attiraient. Mais en prenant du recul, je vois un groupe complexe de facteurs : l'homme, oui, mais aussi la verdoyance et la beauté du paysage, le parfum de l'air, le vent frais et impétueux qui balayait au loin ces choses que je croyais incontournables dans ma vie urbaine.

Dix-huit ans avaient passé depuis la première fois où j'avais mis les pieds dans cet endroit. J'y étais allée avec mon fils Sean un 24 mai, la fin de semaine. Peter nous avait invités des mois auparavant, mais je n'avais pas voulu venir, pensant qu'un ranch n'avait aucun intérêt pour moi. Peter avait réitéré son invitation et Sean, on ne peut plus garçon, m'avait supplié de l'y emmener jusqu'à ce que je cède. À cause d'une erreur à propos de la date (la fin de semaine du 24 mai[1] ne coïncidait pas avec le 24 cette année-là), Peter fut interloqué de nous voir le jour où nous arrivâmes à la ferme. Lui et d'autres hommes travaillaient dur à rassembler les bêtes, à les trier et à les charger dans d'énormes camions (appelés « camions-cages à bétail ») afin de les emmener au ranch pour l'été, puisque, pour nombre de raisons, y compris le temps peu clément, la saison était trop avancée pour qu'il les dirige à cheval comme il le faisait habituellement pendant les quarante milles qui les séparaient du ranch. Il nous expliqua que le bétail passait la plus grande partie de l'année sur le ranch, mais que l'hiver venu, on le guidait vers la ferme fourragère dans la vallée de la rivière Frenchman, où le fourrage d'hiver était cultivé. C'est une solution plus économique que d'amener le fourrage au bétail. Peter se sentait mal à l'aise de ne pouvoir quitter son travail pour être bon hôte, mais il avait dû nous laisser plus ou moins à nous-mêmes.

Je passai la journée entière perchée sur le corral à regarder les hommes travailler. Il y a un instantané de moi assisc là, mes cheveux longs sur le dos, portant des jeans et un chandail épais en laine sauvage, — un chandail associé à B.B. King puisque je l'avais acheté le jour même où j'avais entendu King jouer au Forum de Montréal, un des faits marquants de ma vie (surpassé seulement par le jour — c'était à Vancouver en 1965 — où

[1]La fête de la reine Victoria, qui se célèbre le troisième lundi de mai, et que les Canadiens de l'Ouest appellent 'the 24th of May'.

j'avais entendu un jeune Bob Dylan chanter dans une salle Reine-Élizabeth à moitié vide).

J'étais si fascinée que la journée s'envola, et pourtant je ne fis rien d'autre que m'asseoir et regarder. Sean s'assit tout d'abord avec moi, mais se dirigea ensuite vers la chute et aida à charger le bétail dans les camions. Il manqua de se faire piétiner par un bouvillon qui avait redescendu la chute et s'était retourné, prêt à écraser toute personne lui barrant le passage.

« Saute par-dessus le corral! Saute par-dessus le corral! » lui criaient les hommes, tandis que Sean faisait face au bouvillon d'une tonne. J'observais la scène, trop abasourdie pour même me rendre compte que la vie de mon fils était sérieusement en danger : le bouvillon pourrait l'esquiver, mais ne le ferait probablement pas. Sean, alors âgé de douze ans, bondit vers une des parois de la chute et sauta par-dessus la traverse du corral avec l'agilité qui le distinguait comme jeune athlète, ce qui me remplit de fierté. Plus tard, pour le marquage au fer, Peter invita Sean à l'aider à immobiliser les veaux, une invitation que Sean accepta avidement. Quand Peter me lança à la blague la même invitation, je lui répondis *non merci* en riant.

Je crois maintenant que s'il n'y avait pas eu de confusion à propos de la fin de semaine où nous devions arriver et que Peter avait pris quelques jours de repos pour honorer son habituelle offre à ses visiteurs — une balade dans la campagne, une visite du ranch, une randonnée équestre — j'aurais dit *bof*, et je serais partie pour ne jamais revenir. Mais l'accès au véritable travail des hommes sur le ranch ainsi qu'à toutes les autres activités qui l'accompagnaient eut sur moi un effet différent. Je me rappelle avoir raconté à ma mère en riant que nous avions passé la fin de semaine dans un film de Roy Rogers. Pourtant, si j'en blaguais avec elle, et si Sean avait vu ce séjour comme une simple aventure divertissante, j'étais consciente d'en avoir été remuée si profondément que tout dans ma vie jusque-là — amies, emploi, famille, politique — pâlissait en comparaison.

Ce n'était pas seulement le paysage ou l'attrait de la nouveauté qui me captivaient. J'étais frappée par l'aise que ces hommes respiraient partout, mais surtout dans leur travail, par la nonchalance et l'adresse décontractée qu'ils affichaient dans leurs rapports avec les animaux et avec les outils qu'ils utilisaient pour s'y prendre avec eux. J'étais surprise de voir que ces hommes appréciaient réellement ce qu'ils faisaient : ils riaient, blaguaient, se taquinaient les uns les autres pendant leur travail dans le corral ou lors de leurs chevauchées, prenaient les bêtes au lasso ou les triaient pour les ramener à l'intérieur. J'étais habituée à un monde perpétuellement à haute tension, où la compétition était si extrême que par moments ce monde semblait dérailler, et où la seule constante était un changement qui, quoique prévisible, restait éprouvant, avec pour tout résultat la quête désordonnée et aléatoire d'un nouveau poste. Assise sur la traverse ce jour-là, observant et écoutant, je sentais un nouveau monde me submerger lentement, s'infiltrant en mon être, un monde plus lent, éternel, duquel émanait la perception qu'il en avait toujours été et en serait toujours ainsi.

Le printemps avait été exceptionnellement humide, et même s'il n'avait pas fait très chaud, les collines et les plaines herbeuses étaient aussi verdoyantes et attrayantes que l'Irlande. Conséquemment, ma première impression de cet endroit en fut trompeuse.

Quand je repense à cette fin de semaine de jadis qui amorcerait un changement radical dans ma vie, elle me revient comme en un rêve : les hommes à dos de cheval sur un sentier à travers les hautes herbes vertes et les fleurs sauvages sur les berges de la rivière, la vague de collines vertes en arrière-plan, la clarté et la véracité de la lumière, le chant des oiseaux pendant les accalmies entre les rafales, l'éclaboussure de la rivière brune coulant à proximité sous les corrals, le cliquetis des sabots bovins, les ululements des cow-boys.

Je n'avais jamais vécu sur une ferme. Mes parents venaient néanmoins tous deux de fermes : ma mère avait vécu dans le sud du Manitoba, et mon père, né dans une ferme près de Magog, au Québec, avait ensuite vécu dans un endroit près de Saint-Isidore de Bellevue, en Saskatchewan. C'était à environ dix kilomètres de Batoche, le site de la Rébellion de Louis Riel (1884-1885), dont les tranchées sont encore visibles, ainsi que les trous de balles dans la petite église. Je me suis déjà demandé si mon père, qui ne parlait pas anglais avant de l'avoir appris à l'école de Bellevue, avait entendu parler, par ses enseignants francophones, de Louis Riel, de Gabriel Dumont, et de leur bataille livrée non loin de là, dans cette communauté française. Même si nous n'avons pas de sang amérindien que je sache, je me rappelle l'avoir entendu mentionner Dumont plus d'une fois, d'une manière qui suggérait que le nom et les événements qui y étaient rattachés faisaient partie du folklore de sa communauté. Dans ce temps-là, aux environs de 1912, il n'y avait probablement pas d'Amérindiens dans son école, mais plusieurs de ces enfants avaient dû être des Métis, puisque Batoche était le cœur de la communauté métisse dans l'ancien Nord-Ouest. Mais tout cela est un aparté. C'était une communauté fermière, comme les Le Blanc, du côté maternel, des cultivateurs arrivés en Acadie au milieu du XVIIe siècle, qui étaient toujours cultivateurs.

Mes sœurs et moi venions de familles pionnières des deux côtés : nos grands-parents maternels comme paternels avaient grandi sur un *homestead*, tout comme nos parents; le *homestead* faisait donc partie de notre vocabulaire de base, un terme que nous devions apprendre en même temps que « mère », « père », et « pain ». On disait de Francis Graham, notre grand-père canadien d'origine irlandaise, qu'il était né sous la charrette près de Portage-la-Prairie, au Manitoba, pendant que sa famille émigrait dans l'Ouest depuis l'Ontario, vers le début des années 1880. Leur première ferme au Manitoba avait été établie en 1884; c'était donc une ferme centenaire, un fait dont la famille était presque trop fière, quoique avec raison. De ce côté de la famille, nos enfants sont des Canadiens anglais de cinquième génération.

Cela explique que mes sœurs et moi ayons grandi imaginant la ferme comme un paradis mythique duquel nous avions été expulsées en raison de la sécheresse et des banquiers, et où nous ne pourrions jamais retourner. Pourtant, si simple que cette vie nous parût, puisque nous n'avions jamais vécu dans une ferme et encore moins un ranch — cette tradition n'étant pas de notre famille — nous considérions l'idée de vivre dans une ferme comme des citadins le font, narquoisement, avec une pointe d'appréhension, et peut-être même avec un peu de répugnance.

Au fil des années, depuis l'été de mes treize ans où nous avions déménagé en ville, j'étais devenue si urbanisée que je ne savais plus rien au sujet de l'agriculture, ou à propos de la vie quotidienne des gens qui en avaient fait leur gagne-pain. Je me voyais assez fièrement comme une citadine sophistiquée; et pourtant, même pendant ma première fin de semaine avec Peter, j'avais sans cesse des impressions de déjà-vu. Elles étaient incomplètes, vagues et informes, mais suscitaient tout de même en moi des souvenirs étrangement familiers, plus viscéraux même que des images ou des fragments de conversations. Étonnamment, je me sentais à l'aise quand j'aurais dû me sentir mal à l'aise; je me sentais chez moi quand j'aurais dû me sentir perdue. Le lait évaporé en conserve sur la table, que nous utilisions pour notre café, l'orange qu'on m'avait offerte en guise de dessert, la densité de l'air, son odeur, le sentiment d'être près de la terre dans la maison en bois rond que nous habitions, tout ça était *tellement*... Je me sentais transportée vers des coutumes et un endroit familiers. *Oui*... pensai-je, et ensuite, *mais comment est-ce possible?*

Graduellement, pendant l'année où Peter et moi nous étions fréquentés, je commençai à me souvenir de ce que j'avais délibérément oublié, comment j'avais passé les quatre premières années de ma vie dans la nature, vivant dans des cabanes de bois rond ou de planches trop rapidement assemblées, dans ce que nous appelions la brousse au nord de la Saskatchewan. J'étais née là, j'y avais été portée pendant neuf mois dans le corps de ma mère, je n'avais connu nul autre endroit durant ces premières années formatrices. Mes premiers souvenirs sont de pépites de soleil reflétées sur l'herbe humide à hauteur d'épaule, de jeux dans les racines des arbres, de la beauté à la fois éphémère et terrifiante des aurores boréales, de plaintes de loups qui troublent l'esprit, de notre mère plaçant des lampes à l'huile de charbon aux fenêtres pour éloigner les ours, de montagnes de neige et de chemins de rondins — les passages bourbeux et impraticables que les pionniers couvraient de plaques possédant encore leur écorce pour que les autos ou charrettes puissent les traverser cahin-caha —, de la riche texture, de l'odeur et de la *couleur* de l'air du nord de la Saskatchewan.

Mes grands-parents maternels, pendant un certain temps, avaient loué une ferme à quelque part au nord de Prince Albert ou de Nipawin : je me rappelle la sensation du chemin de sable chaud sous nos pieds nus. Ma soeur Cynthia, et moi écoulions des après-midi d'été interminables pendant que nos grands-parents, debouts depuis l'aube, faisaient la sieste; nous jouions avec nos cousins dans le jardin de notre grand-mère, à construire des tonnelles, à planter des villes et à en tracer les avenues festives avec des fleurs arrachées — œillets mignardises, pensées sauvages, centaurées bleues et marguerites — en attendant que nos mères viennent nous chercher.

Je me rappelle les violents orages nordiques durant lesquels, assis, nous sentions nos pieds se soulever brusquement du plancher au moment où des éclairs transperçaient le ciel et que le tonnerre grondait tout autour de notre petite cabane en rondins, les lanternes jaunâtres se balançant. Je me rappelle les jambes duvetées des gros chevaux de trait de notre grand-père, leurs énormes pattes, leur air solide et serein; je me rappelle notre grand-mère souriante et silencieuse, comme si elle méditait, cependant qu'assise dans la cuisine, elle remuait inlassablement la palette de la baratte à beurre. Chaque matin, elle servait le gruau du petit déjeuner dans ses bols à motifs *blue willow* jusqu'à ce que les amoureux tristes et le saule pleureur les séparant soient de nouveau révélés.

Parmi le décor de la ferme fourragère, la couleur et la sensation d'une orange dans ma main, la boîte de lait sur la table étaient soudain imbues d'un sens qui dépassait les circonstances immédiates, sens que je ne pouvais exactement déchiffrer de prime abord. Je commençais maintenant à me souvenir de ma première enfance, celle que j'avais choisi d'oublier et que j'avais rejetée comme étant à la fois inutile et inconvenante pour la personne que j'avais essayé de devenir. Je me souviens avoir commencé tranquillement à me réapproprier mon enfance, et j'en étais étonnée et enchantée à la fois, car dans ce nouveau contexte elle était valorisante, quelque chose dont je pouvais être fière, une mine de sens, de faits, de savoir. Je n'y pensais pas consciemment ainsi, mais dans un certain sens il me semblait qu'au lieu d'arriver à un nouvel endroit, j'étais revenue chez moi.

À mesure que je revenais à la ferme fourragère avec son décor rural, à la rivière Frenchman qui coulait près de la maison, je me souvenais à nouveau de la rivière Saskatchewan, que j'avais connue plus tard dans mon enfance quand nous vivions dans un village établi sur ses berges avant qu'on y construise un barrage. Je me souviens du fracas et des grondements de la glace qui cédait au printemps, en particulier ce printemps où elle avait presque délogé l'énorme pont noir en fer forgé où notre père s'était bravement tenu (avec la permission de la Police montée), simplement pour sentir la force de la rivière, je suppose, pendant que nous attendions sur la berge, le souffle coupé d'admiration, qu'il soit emporté à jamais ou bien qu'il nous revienne. La présence imposante et sauvage de la rivière me revint — son esprit, qui flottait aux alentours, affectant tous ceux qui s'en approchaient — me toucha de nouveau; je me rappelai même son odeur insistante.

Ce dont je pouvais me souvenir à propos de ce monde sauvage duquel ma famille avait été séparée par si peu était une combinaison d'odeurs, la texture de l'air, un sentiment de la présence de la Nature partout autour de moi en tant qu'entité vivante. Tout cela restait profondément imprégné en mon être, un souvenir logé dans mon sang, mes os et mes muscles — un souvenir instinctif — plutôt qu'un souvenir précis d'événements ou de gens. Je m'en souvenais avec mon corps, ou peut-être que je m'en souvenais avec un autre sens pour lequel nous n'avons pas de nom, mais qui n'en est pas moins réel pour autant. Chaque fois que je retournais visiter le ranch et la ferme, la présence de ce souvenir grandissait en moi; je m'y sentais inexorablement attirée même si je ne le comprenais pas à ce moment-là, préférant accepter le scénario romantique de noces suivies d'une vie de couple heureuse jusqu'à la fin.

Même si je pouvais recouvrer mes puissants liens d'antan avec la Nature, il restait qu'au fur et à mesure que j'étais devenue une enfant de petite ville, puis de grande ville, j'avais cessé de penser à la Nature comme les gens qui y sont élevés le font; j'avais commencé à y penser comme les gens urbanisés y pensent, comme à un endroit pour prendre des vacances — les montagnes, le bord de la mer, un lac tranquille quelque part en campagne — un endroit pour se faire bronzer, peindre le paysage, avoir une aventure d'été, changer d'atmosphère. Tout au long de la fin de mon adolescence et jusqu'au début de la vingtaine, j'évitais consciencieusement les pique-niques en me plaignant amèrement de leur stupidité puisqu'il y avait toujours de la terre, des insectes et des feuilles dans la nourriture, ou des morsures d'insectes, et que même s'ils devaient logiquement être des jours de vacances, les pique-niques demandaient plus de travail pour les femmes qu'un simple repas dans la cuisine.

De toute façon, j'étais une fille née dans la brousse et dans une pauvreté relative, et qui, pour une raison ou pour une autre, avait appris à aspirer à un mode de vie plus enchanteur — à l'âge de six ans, n'ayant jamais vu de danseur autre que mon père nous présenter une danse à claquettes lors d'une fête de ferme quelque part tard le soir, je voulais devenir ballerine, porter des robes de bal en satin, aller au théâtre, avoir des stars de cinéma pour amies. Je ne voulais certainement pas retourner dans la brousse, un endroit si terrifiant que ma mère, une fois que nous en étions sortis, refusait même d'en parler. Quand, dans sa vieillesse, je lui posais une question sur la brousse, elle me disait toujours éviter d'y penser, et pourtant lorsque je lui redemandai sur son lit de mort, sa réponse vint en un murmure distant, ses yeux sombres fixés sur quelque chose que je ne pouvais voir : « Il faisait tellement froid… le vent hurlait perpétuellement… le matin… les hommes… mettaient leurs habits et sortaient… ». Elle devint silencieuse et je regrettai de lui avoir demandé, et pourtant je voulais savoir, je voulais tant savoir.

Il y avait aussi une tout autre histoire, un récit, l'histoire de notre famille transformée en une mythologie familiale, l'histoire dans laquelle j'avais grandi puisqu'on ne parlait jamais de l'autre — l'irrésistible, intense beauté de la Nature, et nos vies au milieu de celle-ci, son existence n'ayant même jamais été conçue de manière concrète pendant toutes les années qui avaient suivi notre départ. Notre père ne disait absolument rien; notre mère nous dressait des portraits dorés de son enfance sur une ferme prospère au Manitoba, ce dont je doutais pour le moins, même si je n'osais jamais rien en dire (ce qui s'avéra sage, puisque longtemps après sa mort, une unique visite révéla que tout était vrai). Nous étions issus d'une bonne lignée — propriétaires terriens riches, héroïsme d'antan, liens de sang à l'aristocratie d'Irlande et d'Écosse — nos fortunes avaient diminué, mais nous-mêmes n'en avions pas diminué en statut pour autant, et, conséquemment, nous n'aimions pas nous remémorer les épreuves, les malchances, les efforts humiliants pour survivre, refusant de les accepter comme quoi que ce soit d'autre que des conditions temporaires auxquelles nous devions faire face avec courage et hauteur.

Je pense que, en acceptant ce qu'on m'avait raconté à propos de notre histoire familiale, j'étais souvent désorientée par le contraste entre celle-ci et la vie que j'avais menée jusque-là. Je ne pouvais douter de ce que ma mère m'avait raconté, et pourtant ces vieilles histoires de famille n'étaient pour moi guère plus que des contes de fées (de fait, grandissant, je persistais à m'identifier avec la famille de mon père). J'étais trop jeune à ce moment-là pour avoir pu garder des images mentales précises de notre vie dans la brousse où j'étais née, mais mes propres souvenirs diffus, combinés avec ceux évoqués par quelques vieilles photos en noir et blanc presque en lambeaux, enfin les mémoires de ma grand-mère maternelle, me permirent d'en tirer des images qui n'étaient pas très invitantes. Les histoires de famille, rarement mentionnées, étaient toutes à propos de difficultés : des gens blessés ou malades, des bébés mort-nés ou des accouchements pendant que les docteurs étaient à des milles de distance, et avaient à franchir des routes mauvaises, parfois impraticables; des histoires de survie dans un froid extrême; d'autres à propos du dur, dur labeur des hommes afin de subvenir, si maigrement soit-il, aux besoins de base de leurs familles, qui vivaient souvent dans des conditions insoutenables. La plus mémorable de ces histoires mettait en scène notre famille désargentée pendant la Crise : selon les mémoires de notre grand-mère, notre père et son beau-père avaient dû passer une journée dans la brousse à couper quelques cordes de bois, qu'ils avaient ensuite emportées au village pour les vendre à un dollar cinquante la corde. Un jour, notre grand-père avait dû transporter un sac de farine de cent livres sur son dos pendant un mille et demi, à travers l'eau et la tourbière qui avaient avalé la route entre sa maison de bois rond et celle de notre grand-mère.

Mais il y avait toujours eu beaucoup de rires. Notre mère et notre tante racontaient parfois, quand nous étions jeunes, les drôles de choses qui arrivaient, les blagues, les visites chez les voisins; il y avait même beaucoup de rires à propos des épreuves, des rires qui toutefois se transformaient en sourires muets, puis en un silence alourdi d'une douloureuse et trouble nostalgie.

Même si ce passé, devenu d'une certaine manière honteux, était rarement mentionné — étant éprouvé comme une sorte de déchéance pour ma mère et sa famille —, c'est ce que je me rappelais en grandissant. Cette peinture de notre passé était devenue beaucoup plus importante que cette autre vie vécue si près de la Nature dont on ne parlait jamais non plus (je me souviens toutefois que ma mère, qui devait avoir dans les soixante-dix ans à ce moment-là, nous avait raconté d'une voix rêveuse et avec une esquisse de sourire, comment notre père « avait chassé du ptarmigan ». « Vraiment? Du ptarmigan? », avais-je rétorqué. Elle m'avait regardée, son sourire distant évanoui; elle était revenue dans sa petite maison à Saskatoon où nous étions assises ensemble: « Je crois que c'était du ptarmigan », avait-elle dit. « Je crois que c'était ton père.»).

À vingt ans, je nourrissais déjà du mépris pour ceux qui songeaient à un retour à la Nature, les croyant tous des rêveurs romantiques, des idiots de la ville, des gens élevés dans le confort et la richesse qui ignoraient que la nature avait un côté désagréable, qui n'avaient jamais accompli une réelle journée de travail de leur vie entière, et qui donc n'avaient aucune idée du labeur accablant qu'une vie dans la nature demandait simplement pour survivre. J'aimais regarder les peintures impressionnistes de la nature, ayant déjà caressé moi-même le rêve d'être peintre, et je n'étais pas impartiale aux couchers de soleil ou aux reflets de la lune sur l'eau, mais j'étais tout aussi heureuse de les observer sur une toile, assise sur un divan confortable, avec mes pieds sur un tapis épais et un mur bien isolé entre moi et la chose même.

Et pourtant, revenant à la maison après des emplettes à Regina, tard le soir sur une autoroute déserte, je regardais souvent par la fenêtre pour voir quelques petites étoiles blanches, points de lumière dans un océan de noirceur. Un soir que je les observais, mon cœur, chose vivante dans ma poitrine, fit un bond, puis se fêla, et resta suspendu là, meurtri. À ce moment précis il semblait être une chose à part du moi que je connaissais, et il aspirait avec l'intensité d'une profonde tristesse à retourner à l'immensité dont il s'était déclaré venir.

Me rendant au ranch pour de courts séjours au cours de l'année précédant notre mariage, je m'étais habituée à attendre ce moment où j'approchais du ranch, quand le paysage semblait s'élargir, et que je revoyais les vastes champs d'herbes indigènes si rapidement jaunies — après un printemps si humide, si vert —, pâlies par le soleil; car avec cette vue arrivait le coup de cœur tant anticipé, la détente métaphorique de mes sourcils, celle plus réelle de mes muscles — et ma vie de ville, mes études, tous mes soucis urbains disparaissaient soudain. C'était comme si dans cette époustouflante étendue de parfaite lumière sur ces milles d'herbe j'étais enfin libre pour la première fois depuis mon enfance.

Peter et moi avions décidé, très tôt après ma première visite au ranch, que nous nous marierions, mais nous avions aussi tous deux décidé, pour des raisons personnelles, qu'il serait mieux d'attendre au printemps suivant. L'hiver fut long, et à Noël, laissant derrière les tournées de fêtes et mes longues robes soyeuses, je descendis avec Sean pour passer la semaine avec Peter au ranch.

Ce fut ma première leçon sur les réalités de la vie de ranch. Quoique rien de cela ne me semblât clair à ce moment-là, chaque hiver les Butalas guidaient leurs troupeaux à cheval pendant les quarante milles séparant le ranch au nord-est de la ferme fourragère, les vaches trouvant refuge dans les anfractuosités des berges de la rivière Frenchman. Chaque printemps, Peter ramenait les bêtes vers le sud pour passer le reste du printemps, l'été et l'automne sur le ranch, où se trouvaient les plus beaux pâturages. Chaque fois, le parcours prenait au moins trois jours, parfois quatre, puisqu'ils étaient prêts à ralentir pour accommoder la vitesse du troupeau.

Peter assuma automatiquement que je les accompagnerais sans remettre en question ma participation, et parce que je n'avais aucune idée de l'aventure qui m'attendait, c'est ce que je fis naïvement. Je me réveillai un matin et me retrouvai, avec Sean à mes côtés, conduisant un pick-up rempli de balles de foin derrière un troupeau de quatre cents têtes de vaches de mille deux cents livres, ainsi que des bœufs et des génisses de deux à trois ans. Entre le pick-up et le troupeau se trouvaient quatre hommes à cheval, et à l'avant, impossible à distinguer de cette distance, un autre cow-boy conduisait le bétail depuis un camion à quatre roues motrices encore plus gros.

Je n'avais jamais vu personne conduire un troupeau auparavant, et je ne savais absolument rien à propos du bétail sur les ranchs. Les bêtes de Peter étaient (et sont encore) des Herefords à cornes — de superbes et puissants animaux avec d'énormes cornes blanches qui peuvent tuer d'un seul coup bien placé — mais je n'en savais pas assez pour être effrayée. Je n'avais qu'une idée très vague de notre destination — une emprise réservée quelque part où nous mettrions les bêtes en enclos pour la nuit — ou même de la raison pour laquelle nous y allions. Je vivais en quelque sorte un choc culturel, étant à la fois étonnée, effrayée, et excitée.

Cet hiver-là, il y eut une quantité inhabituelle de neige, qui devint par endroits très profonde, même dans les plaines ouvertes continuellement balayées par le vent.

Notre progrès fut lent le premier jour, puisque nous traversions des prairies inhabitées. Je conduisis toute la journée dans cet air glacial, au milieu de nulle part, me semblait-il, loin des maisons, des fermes et des gens, cherchant attentivement mon chemin dans la neige profonde, m'embourbant occasionnellement. Lorsqu'il entendait le moteur rugir, Peter revenait sur ses pas en galopant, descendait de sa monture, et me tirait de l'embarras. Après trois ou quatre sauvetages, j'avais appris de lui à m'en sortir moi-même. Il faisait déjà froid au petit matin, au début de notre périple, mais le froid s'intensifiait à mesure que le jour avançait.

La noirceur vint en fin d'après-midi, alors que nous n'étions pas encore arrivés à destination. Le vent avait commencé à souffler, balayant la neige sur le dos des vaches et le devant du camion, créant des tourbillons autour des hommes et de leurs chevaux, effaçant parfois le cavalier et son cheval dans la blancheur. Je découvris qu'en restant trop près de la queue du troupeau — les bêtes ne s'étaient jamais éparpillées ce jour-là, elles avançaient en une masse informe —, mes phares projetaient devant les bovins leurs propres ombres, et effrayés, ils se mettaient à courir, ce qui était mauvais pour leurs poumons par ce froid intense. J'essayais donc de rester assez loin derrière mais, sans directions dans cette noirceur intemporelle et ce froid incommensurable, j'avais peur de ne pouvoir distinguer les hommes entre le troupeau et moi. Je tentais constamment de garder le camion ni trop près ni trop loin des bêtes.

Maintenant, il faisait environ moins trente-cinq degrés Celsius, tout était noir, et nous n'étions toujours pas arrivés où nous devions être. M'assurant que je restais sur le chemin, je dirigeai mes phares vers un endroit qui me semblait être bien plat, et conduisis droit devant, pour me rendre compte qu'en fait la neige au niveau de la route cachait une dépression profonde. J'étais coincée. Je me mis en première vitesse, essayant de foncer tout droit, puis passant de neutre à marche arrière, puis en sens inverse, jusqu'à ce que j'aie créé un rythme, le vieux truc de la chaise berçante. Mais nous étions enlisés trop profondément, et en moins d'une minute j'avais étouffé le moteur. Les cavaliers poursuivirent leur chemin, disparaissant bientôt dans la nuit, hors de la portée de mes phares. Sean et moi étions assis, sans recours, dans l'obscurité de la cabine d'un camion calé qui se refroidissait rapidement.

Avant que je n'aie eu le temps de vraiment sentir la peur qui menaçait de m'envahir, Peter émergea du noir sur son cheval, des glaçons lui pendant des sourcils, des cils, de la barbe, de même que de la crinière et du museau de son cheval. Quand il réalisa à quel point nous nous étions enfoncés, il nous dit d'attendre, qu'il irait chercher le camion à quatre roues motrices pour nous tirer de là. « On est arrivés », rajouta-t-il en s'éloignant. Je regardai devant moi et, à l'endroit où les phares se fondaient doucement dans le vide de l'obscurité mouvante, j'aperçus un coin de clôture. Comment les hommes avaient-ils pu trouver un simple coin de clôture, et le bon avec ça, dans l'obscurité et le blizzard? Je n'en avais pas la moindre idée. J'imaginais qu'ils s'étaient consultés à propos de l'orientation des lignes de clôture dans certains champs, et de notre position à tout moment par rapport à celles-ci.

Peter était de retour quelques minutes plus tard avec le quatre-quatre, et il nous tira de là. Tous les hommes sauf un étaient descendus de leur cheval et s'étaient entassés dans les deux camions; celui qui était resté dehors avec Peter à la lueur des phares de notre camion discutait intensément avec lui à propos de ce qu'ils devaient faire des quatre chevaux, qui étaient fatigués, affamés et frigorifiés. Cette image est restée imprimée dans mon esprit : assis dans la cabine du camion en cette noire et glaciale nuit d'hiver, entourés de neige, loin de tout secours, nous regardions Peter et l'autre homme desseller tous les chevaux hormis celui à la tête, jetant les selles à l'arrière de l'un des camions, changeant ensuite leurs brides pour des licous.

Puis, ils attachèrent les queues de chacun des trois chevaux au licou du cheval suivant, jusqu'à ce que les quatre chevaux soient en ligne, les queues rattachées aux licous. L'autre homme monta sur le cheval en tête, se penchant de sa monture pour mieux écouter les instructions précises et méthodiques que Peter lui donnait en vue de repérer la maison d'un ranch à presque trois milles, à travers les champs gelés et les bourrasques de neige qui effaçaient complètement les points de repère. Nous savions tous, même moi, que si le cavalier se trompait et s'embrouillait dans l'obscurité, ou si les clôtures qu'il devrait suivre avaient été changées depuis l'année dernière, il risquait de passer tout droit devant l'abri et de mourir de froid.

Après que les hommes eurent refermé la barrière sur le bétail, lui eurent donné du foin et l'eurent installé pour la nuit dans une dénivellation à l'abri du vent, nous partîmes vers ce ranch en empruntant un sentier de prairie, retrouvant notre cavalier sain et sauf à destination. Les chevaux avaient déjà été nourris et mis en étable, et la femme de la maison nous invita à entrer et à prendre un café. N'essayant même pas de cacher son étonnement, ainsi que ce qui pouvait être une pointe d'admiration, elle dit : « Nous nous attendions à vous recevoir un jour ou l'autre, mais jamais nous n'aurions pensé que ce serait par une nuit comme celle-ci ».

Ce fut une expérience si intense que, par la suite, il me fut presque impossible de trouver les bons mots pour la décrire à ma famille et mes amis. Ma mère dut en être alarmée, mais elle prit soin de n'en rien laisser paraître. Ses souvenirs des dures années vécues dans la brousse avaient dû être marquants, et je crois bien qu'elle voulait m'aviser d'abandonner l'idée d'épouser Peter à cause des épreuves qu'elle me voyait endurer avec lui. Si les Butala étaient loin d'être riches, ils avaient du moins réussi dans la nature là où nous avions échoué et avaient par conséquent une vie considérablement plus solide financièrement que la nôtre l'avait été durant nos années de labeurs et de privation dans la brousse; ma vie serait donc beaucoup plus facile que celle de ma mère. De plus, elle avait dû deviner en Peter les qualités que je lui avais reconnues : sa force physique et de caractère, sa stabilité, son intégrité et sa tranquille compétence.

L'attirance était puissante, et elle n'était pas du tout diminuée par le danger physique d'une telle vie; peut-être même en était-elle augmentée. Je ne voyais personne dans ma vie urbaine faire quoi que ce soit de plus dangereux que de marcher pour se rendre au travail, et à Saskatoon, ce n'était pas un grand risque. J'en avais assez de mon bureau sans fenêtre à l'université, des manœuvres interminables pour obtenir quelques avantages, sans parler du travail incroyablement ardu que les gens de mon statut presque insignifiant devaient accomplir à un tarif misérablement bas; j'en avais assez des hommes que je rencontrais, chacun plus anxieux, compliqué et incertain que le précédent; je trépignais d'impatience de pouvoir laisser tout ça derrière moi. La conduite du bétail, cet hiver-là, avait été plus que mémorable, elle avait été vivifiante, simple, fermement rattachée à une réalité physique qui me manquait profondément, et que j'avais ardemment désirée sans même m'en rendre compte.

J'avais foi en Peter. J'étais amoureuse. Si j'abandonnais ce qui s'était révélé être le fantasme d'une garde-robe remplie de robes de bal satinées et de la vie qui s'ensuit, si je renonçais aux hommes possédant des doctorats et de belles voitures, c'était pour la seconde chance de donner un sens à ma vie avec un homme qui était, de toute évidence, ce qu'il paraissait être. Je me voyais simplement comme une femme s'évadant vers une vie plus simple, plus saine et plus éthique, une vie qui avait un sens clairement défini, alors que ma vie jusque-là avait cessé d'en avoir un. Malgré les profonds sentiments qui refaisaient surface en moi, il ne m'était pas encore venu à l'idée que, me mariant, j'allais vivre dans la nature. La nature entrait dans ma vision de l'avenir comme un inévitable arrière-plan, désirable avant tout — cliché irrémédiable —, à cause de son calme et de sa beauté.

Peter et moi nous étions mariés fin mai, et puisqu'il n'y avait de nouvelle maison ni sur la ferme fourragère ni sur le ranch — où deux cabanes de pionniers rattachées l'une à l'autre vers 1934 avaient reçu un revêtement extérieur pour former une seule maison —, pendant les deux premières années et demie, nous alternions d'une maison à l'autre, suivant le bétail et les saisons. C'était un peu embêtant et parfois mêlant, mais ça ne me dérangeait pas vraiment. Il y avait quelque chose de libérateur dans le fait d'avoir deux « camps », comme Peter les appelait souvent, au lieu d'une seule maison. Et j'aimais les deux endroits, compte tenu du fait que les maisons étaient toutes deux trop petites, délabrées, et qu'aucune des deux n'avait les aménagements que j'avais tenus pour acquis pendant des années. Sur la ferme fourragère nous vivions dans une cabane en rondins qui avait été construite avant 1912, même si nous ne savions pas exactement quand, ou par qui. Nous avions l'électricité et l'eau courante aux deux endroits, mais aucune salle de bain, et en particulier pas de toilette intérieure. Souvent je devais me lever au milieu de la nuit pour aller aux toilettes dehors, ce que j'avais fait dans mon enfance jusqu'à l'âge de treize ans.

Durant la première année où je vécus ainsi, à me lever la nuit pour aller dehors, suivant sous les étoiles un chemin fait d'empreintes de pieds, parfois surprise par le tambourinement des sabots de chevaux s'assourdissant avec leur proximité, parfois surprise par la rafale de vent que leur trajectoire créait dans l'obscurité, les entendant mais ne les voyant pas, j'eus un rêve.

Je rêvai qu'il faisait nuit et que j'étais sortie par la porte de notre cabane en rondins au plus profond de l'hiver. Il y avait des montagnes de neige vierge partout, d'énormes dunes tout autour de la cabane jusqu'au toit, des stalactites longs et épais pendant de l'avant-toit. J'étais en robe de nuit — étonnamment, celle que je portais la nuit de mes premières noces en 1961, avec de la dentelle blanche autour du corsage —, mais je n'avais pas froid du tout.

Un coyote blanc apparut à ma gauche, émergeant de l'obscurité. Il trotta tranquillement à peine à trois ou quatre pieds de moi et, tournant la tête en me croisant, me regarda droit dans les yeux. Il boitait, se tenant sur trois pattes, gardant sa patte droite avant repliée vers son poitrail comme si elle était blessée. Même alors, ne connaissant absolument rien de ces choses, je savais, par le blanc argenté de sa fourrure épaisse, que c'était un esprit, un animal totem. Il était clair pour moi que j'étais hors du monde de tous les jours; j'étais dans un monde archétype, un monde purement sauvage, sans limites, hors du temps.

Je chéris ce rêve et le racontai à Peter, mais que signifiait-il? Je m'interrogeai pendant des jours sans faire de progrès dans mon interprétation. Je ne savais absolument rien de l'interprétation des rêves; tous les rêves significatifs que j'avais faits étaient à propos de personnes et concernaient très clairement des questions reliées à ma vie quotidienne. Je savais par contre que ce rêve était le produit de ce sentiment innommable et troublant qui me remuait depuis cette première fin de semaine passée dans l'endroit qui était devenu mon chez-moi; je reconnaissais cet intense et riche mystère de mon rêve, sa beauté. J'en étais si fascinée que d'abord rien d'autre ne me venait à l'esprit, mais avec les mois qui passaient, j'y pensais de moins en moins, croyant fermement qu'un jour la signification de ce rêve me serait révélée, et qu'entre-temps il était futile de me tracasser à ce propos.

Mais le rêve déclencha quelque chose d'autre en moi : le lointain souvenir d'une expérience d'enfance déferla sur moi — quelque chose qui m'était arrivé à l'âge de huit ans, à ma première communion. On nous avait dit au catéchisme qu'après avoir été purifiés par la confession et la pénitence, quand nous recevions l'hostie pour la première fois, le Saint-Esprit (qu'un artiste en catéchisme avait conçu comme étant une colombe d'un blanc éblouissant) entrerait en nous.

J'avais — parfois je pense que c'est de naissance — une profonde honte de moi-même, me croyant pécheresse, indigne, toujours coupable, un sentiment que mon éducation catholique n'avait certainement pas allégé. La réelle source de ce sentiment, même si j'en ai parfois une vague idée, restera du moins absente de ces pages. J'étais tout de même — comme les enfants le sont, particulièrement ceux qui sont restés près de leur mère — une innocente. Je croyais ce que l'on me disait, de tout mon cœur et de tout mon être, sans question.

Dans ma nouvelle robe blanche, mes bas blancs, mes souliers et mon voile, je m'agenouillai à l'autel de cette petite église en bois à l'orée de la ville, entourée d'herbes sauvages et délimitée par les champs de blé. Le prêtre s'approcha et, murmurant une prière en latin, mit l'hostie sur ma langue. Je me levai avec les autres enfants et j'entamai la marche de retour vers le banc de l'église où mes parents et mes sœurs attendaient. C'est à ce moment que je le ressentis : quelque chose — même si tout cela s'est passé il y a si longtemps que je me rappelle à peine —, quelque chose que je percevais comme un nuage de lumière blanche allumée dans ma poitrine, la gonflant jusqu'à occuper tout l'espace.

Ces mots ne pourront jamais décrire la sensation miraculeuse de cette expérience. Ce n'était pas simplement moi, c'était à la fois en moi et plus grand que moi; c'était — j'essayai de le décrire à ma mère pendant que nous attendions à la voiture que mon père finisse son habituelle conversation avec le prêtre et nous reconduise à la maison pour notre souper du dimanche — comme si le Saint-Esprit était réellement venu comme prévu et m'avait remplie de sa blancheur et de sa pureté. Je n'avais aucune idée, au-delà de la colombe blanche, de la nature du Saint-Esprit dont le prêtre parlait. Si j'incarnais simplement la description du prêtre par le pouvoir de sa suggestion, j'avais oublié le battement des ailes, le roucoulement, le vent.

Ma mère était une catholique récalcitrante, ayant quitté l'église anglicane en épousant mon père. « Tu es seulement un peu étourdie à cause du jeûne », me rétorqua-t-elle brusquement, ne voulant, je suppose, rien à voir avec un catholicisme païen, et détestant le voir en son propre enfant. Ou, étant donné ses origines, peut-être le fait d'avoir une vision la frappa-t-elle comme étant d'une indicible vulgarité.

Et pourtant ces deux expériences, le rêve et l'expérience onirique de ma première communion, servirent à m'en rappeler une troisième, un autre rêve mystérieux qui m'avait profondément affectée — si c'était même un rêve, car cela ressemblait plutôt à une vision — et que j'avais eu à un autre moment important dans ma vie, cette fois trois mois avant la naissance de mon enfant unique.

J'étais allée tôt dans ma chambre pour essayer de rattraper du sommeil. Je me couchai, fermai les yeux, et fus transportée dans ce même monde où j'apercevrais le coyote blanc des années plus tard. Là se trouvait mon bébé endormi, dans le landau où je le plaçais chaque jour, au milieu de l'arrière-cour de la maison où nous habitions, au sein du village où j'avais accepté un poste d'enseignante. Le landau était dans l'herbe, à côté d'un étroit trottoir de ciment qui s'étendait du portail jusque dans la cour et au pied de la porte de cuisine. Tout était comme dans le monde réel, même les longs peupliers âgés qui formaient une bordure autour de notre petite cour. Dans le rêve, rien ne se produisait, rien ne bougeait ou ne changeait. Mon fils dormait paisiblement, immobile, perdu dans son monde enfantin.

L'extraordinaire, c'était que je voyais clairement, indéniablement, que mon enfant, l'herbe, les arbres, le ciel au-dessus étaient tous tissés du même matériel, faisaient partie du même tissu — celui dont est composé l'univers —, et que ce tissu était vivant. Par contraste, le trottoir de ciment gisait laid et sans vie, une balafre dans le décor. Sauf pour le trottoir, la scène irradiait une beauté transcendante, les couleurs étaient d'une intensité, d'une pureté qu'elles n'ont pas dans la vie réelle, et du rêve émanait un sentiment de parfaite harmonie et de la bienveillance de l'univers.

Je revins à la réalité de ma chambre envahie par l'obscurité, notant les ombres épaisses des meubles le long des murs, la flèche de lumière sous la porte menant à la chambre adjacente. Désorientée, j'appelai mon mari et lui demandai combien de temps j'avais dormi. « Environ une demi-heure», me dit-il. « Pourquoi? » Je lui racontai mon rêve. « Si c'était vraiment un rêve, dis-je, ce dont je doute ».

Il fallait que je comprenne ce qui m'était arrivé. Mon mari pensait qu'il savait, ayant lu à propos de ce genre d'expérience. Il trouva un livre — je crois bien que c'est ce qui c'est passé — d'un philosophe hindou important — Radakrishnan? Krishnamurti? Ou était-ce quelqu'un d'autre? Je ne me souviens plus maintenant — qui décrivait cette expérience même, qu'il appelait « transcendance universelle », et qui tentait d'expliquer ce qu'elle signifiait. Je cherchai encore, et découvris que des expériences ayant les caractéristiques de la mienne avaient été décrites maintes fois dans diverses cultures du monde. Dans les religions et philosophies orientales, semblait-il, cette vision était la vision fondamentale de l'univers, la plus profonde et la plus significative expérience spirituelle qui soit.

Même si toutes ces descriptions dans des livres prouvaient, intellectuellement, la validité de mon expérience et me donnaient toutes sortes d'interprétations à pondérer avec enchantement, ce que je comprenais le moins du rêve était l'ambiance qui en émanait. Un sens ne m'avait pas été donné en mots, et les mots que je lisais maintenant me semblaient dérisoires et débranchés face à la magnitude et à la beauté de la vision elle-même. Tout ce que je savais vraiment était qu'on m'avait donné un aperçu d'une profonde importance, mais j'avais beau lire, il m'était impossible d'en tirer un quelconque sens qui me touche personnellement. Je ne doutais pas que c'était le cas, mais je ne pouvais discerner la manière dont cette vision affecterait ma vie.

Pendant des jours, plus rien ne me sembla pareil dans le monde réel. Je voyais chaque fourchette sur la table, chaque rayon de soleil éclairer obliquement une chambre, sous un jour différent. Les sourcils et les cils de mon bébé me semblaient encore plus merveilleux et intrigants, mais aussi encore plus vrais que je ne l'avais rêvé ou imaginé. Tout cela voulait dire quelque chose, me semblait-il, quelque chose que je n'avais jamais deviné, que je n'avais jamais conçu moi-même, quelque chose qu'aucun prêtre ou professeur ne m'avait révélé, que je n'avais lu dans aucun livre. Le monde était beaucoup plus profond et mystérieux que je ne l'aurais deviné, mais je n'avais pas la moindre idée de la manière dont je devais intégrer cette vision dans ma vie de tous les jours.

Pendant de longues périodes, je n'y repensai plus du tout, mais de temps en temps, durant les nombreuses années qui passèrent entre ce rêve et mon mariage avec Peter, ce rêve me revenait, et je me questionnais une fois de plus sur la signification de cette vision. Je l'avais finalement reléguée au domaine des mystères insolvables, dont on se souvient rarement, quand le rêve de l'esprit coyote me le ramena avec une bonne partie de son intensité originale. Tant d'années s'étaient écoulées, quatorze environ, et je ne comprenais toujours pas. Pourtant, en repensant à ces rêves-visions — le nuage blanc, l'esprit coyote, le rêve d'unité universelle —, je vis que, dans les deux derniers, j'étais retournée à un monde archétype, où j'avais été introduite à cet univers verdoyant rempli d'odeurs et d'étoiles que les enfants habitent, innocent même dans ses dangers, un éden dans sa sombre et riche beauté. M'interrogeant à propos de ces rêves, entourée comme je l'étais de milles de prairie indigène dans l'état où elle avait été depuis que les glaciers avaient fondu, des dizaines de milliers d'années auparavant, cette prairie, avec ses mirages miroitant à l'horizon, ses nuits remplies des lointaines plaintes des coyotes, sa voûte d'étoiles et le compagnonnage constant et murmurant du vent, je commençai à avoir les premières indications qu'il y avait bel et bien dans la nature beaucoup plus qu'on ne pouvait voir à l'œil nu, quelque chose qui existait à l'arrière-plan.

Je ne savais pas ce que ce quelque chose était, je ne pensais même jamais le savoir, mais je m'efforçais tout de même chaque jour d'en saisir un petit aperçu. Je pensais que si je pouvais seulement le voir, peut-être alors le comprendrais-je, et cette compréhension me montrerait à vivre.

J'étais si bouleversée par le rêve de l'esprit coyote que plus de douze ans après, devenue écrivaine, je le prêtai à Amy Sparrow, l'héroïne de mon roman *The Fourth Archangel*. J'essayais d'exprimer quelque chose; j'essaie encore de l'exprimer — ce qui veut dire, à mon avis, le comprendre. Ce livre est ma réponse à cet émissaire de la nature, l'esprit coyote, et, je crois à ce qu'était son message pour moi, car en comprenant son message je pourrai peut-être aussi finir par comprendre ce que la vision plus englobante que j'avais eue lorsque j'étais une jeune mère signifiait.

APPARTENANCE

Souvent, au ranch, Peter se levait à l'aurore, prenait l'un des chevaux de selle dans le corral, lui faisait sa toilette, lui donnait du foin, et venait déjeuner une fois son cheval nourri. Puis il le sellait et partait dans les champs pour la journée à la recherche des veaux qui avaient perdu leur mère et vice-versa, d'embrouilles de tous genres, de maladies ou d'accidents, inspectant les clôtures et les points d'eau ainsi que l'état de l'herbe dans chaque champ.

Il ne m'était pas inhabituel, durant ces journées estivales de lumière en apparence sans fin, de ne pas le revoir avant que la nuit soit tombée sur le flanc des collines devenues noires contre le ciel lumineux. Ses père et mère m'avaient dit, chacun à leur manière, de ne pas m'inquiéter lorsqu'il ne revenait pas — son père, sagace : « C'est comme ça que les cow-boys sont. », et sa mère, avec une ironie désabusée : « Ils finissent toujours par revenir, pas plus amochés pour cela. »

Les femmes de la communauté se rendaient visite, et je ne connaissais personne; elles élevaient leurs enfants, et je n'en avais plus à la maison; elles s'occupaient de leur jardin potager et mettaient en conserve fruits et légumes, et je n'avais que peu de gens pour qui cuisiner, pas encore de potager, et une maison si petite que je prenais peu de temps à l'entretenir; quelques-unes avaient des emplois à temps partiel, mais je n'avais pas vraiment besoin de travailler et nous vivions si loin de la ville la plus proche qu'un emploi à temps plein n'était pas pratique; elles conduisaient des tracteurs et des camions et se rendaient souvent à la ville pour y chercher des pièces de véhicules; Peter, habitué à faire tout par lui-même ou avec un employé, ne me demandait pas d'aide, en partie parce je ne m'y connaissais pas. À l'âge avancé de trente-six ans, j'apprenais à monter un cheval.

Je commençai à faire des promenades. Parfois je m'apportais un lunch pour l'endroit où j'allais trouver Peter et son homme engagé, occupés à installer une clôture, ou je marchais le long de la clôture jusqu'à l'endroit où les chevaux broutaient, et passais une demi-heure à leur parler depuis l'autre côté de la clôture, jusqu'à ce qu'ils finissent par se fatiguer de ma compagnie et s'éloignent. Je me rendais à pied aux endroits dont la vue, depuis le camion, m'avait paru singulièrement belle ou panoramique, et m'assoyais sur l'herbe drue et sèche de la prairie pour tenter d'assimiler l'étonnante étendue de terre dénudée.

À environ un mille de la maison se trouvait l'une des plus hautes collines sur le ranch — sa silhouette bleue était visible à des milles à la ronde —, et à l'époque où je n'osais pas encore m'aventurer loin de la maison, je la choisissais parfois comme destination. Plus d'une fois, du sommet de cette colline, j'avais repéré Peter à cheval, une tache noire contre l'herbe jaune, à un mille ou deux, se déplaçant lentement parmi le bétail, puis disparaissant entre les collines. Lorsque je me sentais seule, je sortais me promener et escaladais cette colline dans l'espoir de l'entrapercevoir.

Un après-midi chaud d'été, seule depuis l'aurore et lasse des occupations qui m'avaient amusée depuis les dernières heures, je m'aventurai jusqu'au sommet de la colline, songeuse, le regard rivé au sol. À cette époque, comme mon ancienne vie se dissolvait et que la nouvelle n'avait pas encore pris forme, j'étais toujours perdue dans mes pensées.

Le versant que j'avais emprunté offrait une ascension graduelle jusqu'au faîte; sur l'autre versant, la colline présentait une arrête abrupte à cent pieds au-dessus de la prairie, où les ruissellements du printemps se rejoignaient pour former un marécage. À ce moment de l'année, en juillet, l'eau s'était depuis longtemps évaporée, mais un îlot d'herbe plus luxuriante que la prairie environnante y avait poussé, où l'on trouvait toujours des animaux.

Ce jour-là, au pied marécageux du versant éloigné de la colline, une vingtaine de vaches broutaient ou s'étaient étendues avec leurs veaux à leurs côtés, ruminant paisiblement. Au centre, le cheval de Peter, les brides pendantes, broutait paresseusement lui aussi. Et au loin, à l'extrémité du troupeau de chevaux réunis en grappe, un couple d'antilopes avait le nez dans l'herbe. Aucun des animaux ne tenait compte de ma présence ni de celle des autres, comme s'ils étaient tous membres de cette même tribu satisfaite en cet après-midi chaud et tranquille, sous le magnifique dôme du ciel, et au centre de milliers d'hectares d'herbes courtes et pâles. À environ trente pieds de la base de la colline, au milieu de ses animaux, le visage contre l'herbe, la tête reposant sur un bras plié et le chapeau protégeant ses yeux, Peter dormait profondément.

Je m'arrêtai net sur mon chemin, envahie par une émotion inconnue : j'avais surpris Peter dans un moment si intime que je ne me sentais aucun droit d'être là. Quelque chose se passait qui dépassait mon expérience et ma compréhension, mais qui signifiait quelque chose d'important; je le ressentais dans mon coeur et dans mes tripes — quelque chose que mon cerveau ne pouvait saisir, ne pouvait nommer ou classifier.

Je rebroussai chemin avant d'être vue, redescendant d'un

pas pressé le long du versant de la colline et, pleine d'un silence émerveillé, traversai les champs jusqu'à la maison. Je ne glissai mot à personne de ce que j'avais vu.

Sur son lit de mort, ma mère avait rêvé qu'elle était de retour sur la ferme au Manitoba et que nous cinq étions de nouveau des petites filles. Nous étions dans la cuisine d'été et il pleuvait. Une tente avait été montée dans la cour et une famille y vivait. Nous cinq la suppliions de laisser entrer les membres de cette famille dans notre maison, mais elle refusait parce qu'ils laisseraient des traces de boue sur le plancher et qu'elle venait de le laver. « J'aurais dû les laisser entrer », avait-elle dit, terriblement émue, comme si c'était vraiment arrivé. « J'aurais dû les laisser entrer. Je n'aurais pas dû me préoccuper de la boue. »

Je sus à ce moment même que c'était un rêve sur le regret qu'elle avait de nous avoir surveillées de trop près, dans sa détermination de nous protéger d'un monde qu'elle craignait elle-même; je sus que c'était un rêve sur la reconnaissance de son erreur. J'avais grandi timide et craintive du monde en raison de cette vigilance, et quelque besoin que j'eusse d'aventure, je l'avais étouffé ou l'avais vécu par procuration. Maintenant, dans ce singulier acte de réelle audace, je m'étais détournée du monde pour lequel j'avais été élevée et que je comprenais, j'avais rejeté tout ce pourquoi j'avais travaillé au profit d'un monde dont je ne connaissais rien et pour une promesse que je n'arrivais pas à déchiffrer. Bien que je me sois rappelé des bribes de souvenirs suffisamment évocatrices pour me ramener dans le monde naturel où j'avais passé mes premières années, je me trompais si je croyais avoir quelque connaissance factuelle que ce soit sur la manière d'y gagner ma vie, voire sur la manière d'y vivre comme mon mari. Quel que soit mon avenir là, je ne l'avais pas imaginé à l'avance, et même si je vivais désormais cette vie, j'y étais mal à l'aise, alourdie par un sentiment d'attente, de possible découverte, mais sans forme ou structure ferme. Dans ma tête, j'avais dû penser que seules la forme et les activités quotidiennes seraient différentes de mon ancienne vie, que la texture mentale et émotive, son tissu, seraient semblables. N'ayant aucune expérience en tant qu'adulte de quelque autre manière de saisir la vie et d'en être partie intégrante, comment aurais-je pu l'imaginer à l'avance? Ou m'y attendre? Ou me préparer?

En ville, j'avais eu une identité, ou plutôt, plusieurs identités : divorcée, monoparentale, femme de carrière, étudiante de deuxième cycle, future universitaire. Si la vie au jour le jour était difficile — et elle l'était parfois terriblement, comme toute mère monoparentale vous le dira —, elle avait ses avantages, dont le moindre n'était pas qu'étant passée du statut de fille d'une mère plutôt stricte et impressionnante (du moins c'est ainsi que je la décrirais, bien que je ne sois pas sûre que mes soeurs partagent mon avis) à celui d'épouse d'un homme à qui j'avais en quelque sorte vainement essayé de plaire, je détenais désormais un certain degré d'autonomie. Je gagnais mon argent et en faisais ce que je voulais; je peignais les murs de ma maison de la couleur qui me plaisait; je cuisinais la nourriture que je voulais manger; je choisissais d'inviter qui je voulais.

Peu après mon divorce, je réalisai que j'étais devenue assez démoralisée au fil des années pour ignorer de quelle couleur peindre mes murs, pour décider de mon plat favori ou de la sorte de personne que j'étais. Mais à mesure que je guérissais des blessures de mon premier mariage et du trauma de sa fin, les choses revenaient graduellement à la normale. J'avais recommencé à me souvenir de la personne que j'avais été, ou que j'étais en train de devenir, puisque je n'avais que vingt et un ans le jour de mes noces. J'avais recommencé à me considérer comme une personne compétente, ayant certains dons : j'avais été une artiste visuelle, une bonne étudiante, une femme qui adorait danser. J'avais été quelqu'un de capable qui rêvait de ce que sa vie pourrait un jour devenir.

J'appartenais également à une communauté que je connaissais bien. J'avais vécu dix-sept ans à Saskatoon et la ville n'avait plus de secrets pour moi. Partout où je regardais, je voyais des visages familiers, des gens que je rencontrais dans la rue tous les jours, même si je ne connaissais pas leurs noms. J'avais passé un total de neuf ans sur le campus universitaire et me souvenais du temps où il ne comptait que deux mille étudiants et la moitié des bâtiments actuels. J'appartenais à une grosse famille, avec des cousins et cousines vivant en ville, des nièces et des neveux, et pas très loin, des tantes et des oncles des côtés de ma mère et de mon père, et des grands-parents pour un temps. Je n'avais jamais vécu sans ce sentiment de faire partie d'une famille, pas même lorsque j'avais vécu dans d'autres provinces, et pourtant je n'y avais jamais accordé beaucoup d'attention.

Il est vrai, toutefois, que j'avais souvent trouvé cette vie de liberté terriblement difficile sous plusieurs aspects. De par mon éducation, je m'attendais à être soutenue financièrement par un homme, et à être une bonne épouse et mère. J'avais toujours travaillé, mais je n'avais pas vraiment ressenti auparavant la nécessité d'être le soutien de famille de la même manière que les hommes, cette responsabilité étant comme un poids que leur éducation les pousse à prendre sur leurs épaules, qu'ils acceptent même avec fierté et empressement. Dans ma carrière, j'avais eu à développer les habiletés dans lesquelles les hommes excellent, comme savoir me défendre et m'attendre à prendre pleine responsabilité de moi-même et de mon enfant.

Tout de même, les bénéfices me semblaient l'emporter sur les problèmes, et le plus merveilleux des bénéfices était mes amies. Dans mon groupe, je connaissais certaines amies depuis vingt ans, et d'autres, à peine. Ces amies étaient cependant pour moi des compagnes, des confidentes, des égales, des collègues; c'étaient des femmes avec qui aller à des fêtes et à des pièces de théâtre, des concerts, des films, avec qui marcher dans le parc, avec qui dîner, à inviter à souper et qui m'invitaient elles-mêmes. Lorsque nous avions besoin de parler, nous pouvions partager nos plus grands secrets. Mes plus chères amies de cette époque, bien qu'elles soient désormais éparpillées dans le pays et que je ne les voie chacune pas plus d'une fois l'an, restent mes plus chères amies. Ensemble nous avons inventé un nouveau monde, et les liens établis sont si profonds qu'ils ne seront jamais défaits dans cette vie.

Nous étions de cette nouvelle vague de féminisme qui était apparue dans les années soixante et qui avait atteint son apogée dans les années soixante-dix. Nous nous rencontrions dans des groupes de sensibilisation, formellement constitués ou non; la plupart d'entre nous nous parlions pour la première fois comme des soeurs, sans être parentes ni amies intimes. Nous étions en voie de briser quelques-unes des barrières qui avaient existé entre femmes d'aussi loin que nous pussions nous rappeler, et voyions que nous étions une race, une tribu, une nation, alors que nous avions cru que chacune d'entre nous appartenait à sa mère et aux hommes.

Nous explorions ce que c'était qu'être femmes bien au-delà des stéréotypes selon lesquels nous avions été élevées, ce que c'était qu'être épouses et mères, que d'approcher le monde en tant qu'êtres féminins. Nous cherchions notre pouvoir en essayant délibérément de démolir les murs que la société, croyions-nous, nous avait forcées à ériger entre nous.

Ainsi nos amitiés étaient-elles plus étendues, plus profondes et plus nombreuses que celles que la plupart d'entre nous, du moins celles de mon âge, avaient connues depuis la fin de notre secondaire, depuis que nous avions laissé notre enfance derrière nous. Elles tenaient aussi une place plus importante dans la vie de chacune. Nous nous soutenions l'une l'autre dans notre travail et dans notre vie privée; il me semblait parfois que nous vivions collectivement. C'était, je m'en aperçois aujourd'hui, une merveilleuse époque pour être femmes, même si ce qui nous unissait d'abord, au-delà du fait d'être femmes, c'étaient nos luttes et nos souffrances à une époque où nous nous laissions dire que nous, les femmes, pouvions faire et être tout ce que nous voulions. Pourtant, personne n'admettait à quel point cela s'avérait difficile.

Mais nous avions aussi beaucoup de plaisir. Chaque fin de semaine, l'une de nous organisait une fête où nous dansions, parlions, mangions et dansions un peu plus, ne retournant chez nous qu'à l'aube. Nous étions presque toutes divorcées, ou séparées — les autres étaient célibataires —, plusieurs d'entre nous étant des enfants des années cinquante avec des surmois surdéveloppés. Avec notre féminisme tout frais, nous avions le sentiment inédit que nos vies recelaient des possibilités infinies, qu'elles ne correspondaient pas uniquement à l'image précise qu'on nous avait élevées à croire : une femme ayant un mari, plusieurs enfants, une maison, une auto, un gazon à tondre, des moquettes à passer à l'aspirateur, de la vaisselle à laver. Il était entendu que la présence des hommes était appréciée, mais peu nécessaire, et que nous étions une bande, pas un groupe de couples, car nous nous rendions compte — fait ô combien surprenant — que nous pouvions avoir du plaisir entre nous et en groupe, nous n'avions pas à attendre qu'un homme nous invite. Et cette réalisation seule nous redonnait un peu du pouvoir que nous avions perdu.

Tout cela pour dire que mes amitiés avaient été entrelacées dans le tissu de ma vie au point où elles étaient devenues aussi vitales que l'air que je respirais, que ces amies me manqueraient autant que les soeurs de sang que je laissais derrière moi. Je tenais pour acquis que je trouverais un nouveau groupe d'amies avec qui je pourrais partager ma vie de la même manière qu' avec celles de la ville; j'approchai ainsi les amies de ma nouvelle communauté allègrement, avec empressement, inconsciente du fait que les choses étaient différentes à la campagne.

L'un des aspects dont je dois constamment corriger la perception chez les gens est que la vie rurale est semblable à la vie urbaine, que ce soit la vie dans un village, à la ferme ou au ranch. La vie à la ferme est très différente de la vie de ranch, bien qu'il existe des similarités, particulièrement pour les gens qui pratiquent la polyculture et l'élevage. Mais sur un vrai ranch, la principale occupation est celle du soin des animaux, de troupeaux d'animaux qui vivent une vie mi-sauvage dans leur habitat et dont la garde nécessite que les ranchers vivent avec ces troupeaux sous toutes sortes de températures; d'ailleurs, pire la température est, plus le bétail a besoin de vous. L'agriculture est un emploi saisonnier qui implique un hiver libre, et elle se pratique sur une terre qui n'est, par définition, plus sauvage.

Ainsi, lorsque les gens de la ville me décrivent comme une écrivaine vivant à Eastend, je les corrige toujours, leur faisant remarquer que je vis à la campagne. Cette distinction leur paraît banale, irritante parce que tatillonne. Mais la vie en ville est différente de la vraie vie en campagne; c'est une autre paire de manches.

Parce que je n'avais jamais vécu sur une ferme et que le travail quotidien de Peter n'était pas l'agriculture, souvent je ne comprenais pas même les plus simples remarques portant sur l'emploi du temps des maris; je pouvais encore moins passer mes propres remarques. Ce n'aurait pas été beaucoup plus facile si toutes les femmes de ma connaissance avaient été mariées à des ranchers, puisque les femmes vivant sur des ranchs tendent à être également des cavalières, de vraies femmes de plein air, avec le même oeil exercé que les hommes, et les même habiletés durement gagnées, des habiletés que je n'avais pas moi-même, et qu'en vérité je ne désirais pas vraiment avoir.

Comme les femmes travaillaient! Je n'avais jamais rien vu de tel. Elles cultivaient d'énormes jardins et faisaient des conserves et des marinades, ou alors surgelaient tous les fruits et légumes, souvent au même moment que la récolte, lorsque la ferme avait une équipe d'hommes engagés — une petite équipe en comparaison de celle des jours de battage, pour laquelle les femmes avaient à cuisiner. Les femmes savaient quoi faire de n'importe quelle partie d'un quartier de boeuf; elles savaient même comment le mettre en conserve, et faisaient de même avec l'agneau et le porc; elles savaient également comment faire boucherie, même si c'était les hommes qui s'en chargeaient. Elles connaissaient les mystères d'une vache à lait : comment la traire, comment utiliser le séparateur et le laver; elles savaient également comment élever des poussins jusqu'à ce qu'ils deviennent des poulets en évitant que les coyotes les mangent, comment ramasser les oeufs sans se faire donner un coup de bec. Elles faisaient du fromage cottage et de la tête fromagée, et elles confectionnaient souvent des gâteaux des anges à partir de trois fois rien. Dans une région où les pâtisseries étaient éloignées ou douteuses, elles faisaient toutes leur propre pain; elles opéraient la machinerie de la ferme et celle destinée à la récolte du foin, tout cela en allant reconduire leurs fils aux pratiques de hockey, leurs filles aux leçons de patin ou de musique, ou à mille autres activités parascolaires. Ces femmes avaient presque toutes des hobbies : elles faisaient surtout de l'artisanat; elles étaient en outre toutes bénévoles dans leur communauté. En fait, elles agissaient comme une force structurante qui gardait leurs communautés vivantes. Près d'elles, je me sentais idiote, incompétente, et plus je les connaissais, moins je croyais que ces femmes traditionnelles avaient la tâche plus facile que la nouvelle espèce de mères et de femmes de carrière vivant en ville. Elles avaient des maris qui, sans doute, partageaient les tâches; du moins offraient-ils leur soutien moral et leur compagnie.

Mon propre sentiment grandissant d'infériorité vis-à-vis de ces femmes merveilleuses, allié à mon refus de les émuler — puisque je savais que je serais tombée morte à la fin de n'importe quelle de leurs journées, et aussi parce que quelque chose manquait à leur vie, que je possédais et que je ne désirais pas perdre —, entravait mes amitiés. Bon, me disais-je, les vraies amitiés sont longues à bâtir; je peux bien attendre.

Certaines des difficultés que j'éprouvais n'avaient rien à voir avec moi en tant que personne; cela me fut rappelé le jour où je demandai à une femme de mon âge — qui me semblait subtilement différente des autres dans la pièce où nous étions réunies — combien de temps elle avait vécu dans la région. « Vingt ans, répondit-elle. Je vivais dans cette communauté depuis une douzaine d'années lorsqu'une femme, établissant une liste des membres de la communauté pour une raison qui m'échappe désormais, m'a fait remarquer qu'elle n'avait pas inclus une certaine famille. Ils ne se sont pas établis dans la région avant les années quarante, dit-elle, alors je ne pense jamais à eux. » Elle signifiait par là que bien que cette famille eût vécu dans la région pendant presque cinquante ans, selon son estimation, ses membres ne seraient jamais vraiment des gens du coin. J'étais maintenant celle qui soupirait.

Lorsque j'arrivai ici pour y vivre, les gens de la campagne étaient les gens de la campagne : les gros agriculteurs, les petits, je n'y voyais pas de différence. Le fait élémentaire qu'il existait aussi une hiérarchie m'échappait, de même que la nature de cette hiérarchie. Je connaissais le système des classes — fondé sur le revenu, les signes de la richesse visible, l'instruction, le type d'emploi (qu'il s'agisse de travail manuel, d'un poste de col-bleu ou de professionnel), ou, à un moindre degré, les antécédents familiaux, de même que toutes les questions sur lesquelles les sociologues ne s'entendent pas —, et même si ce système ne s'appliquait pas parfaitement dans ce milieu, il y avait, sans l'ombre d'un doute, un système de classes à l'oeuvre.

Ce monde, au départ, m'était apparu comme étant presque entièrement de la classe ouvrière, où l'éducation n'était pas particulièrement valorisée — puisque l'on pouvait être un piètre agriculteur bien instruit, ou un agriculteur de première classe avec une instruction laissant à désirer —, où les différences entre les emplois étaient minimales, et où avoir du temps libre n'était pas particulièrement désirable — trop d'agriculteurs perdaient intérêt à la vie lorsqu'ils prenaient leur retraite; parfois ils se consolaient en buvant, parfois ils faisaient une crise cardiaque et mouraient subitement. Pourtant les aristocrates, les plébéiens et les intouchables se retrouvaient dans ce milieu, et le truc était de déduire qui était quoi et pourquoi.

La terre vient immédiatement à l'esprit, parce qu'avec la terre vient l'argent, et la richesse est certainement une façon de mesurer la classe autant en ville qu'en campagne. Pourtant, lorsque les gens commencèrent à acheter plus de terres, indépendamment de l'escalade des prix, Peter, qui ne manquait pas de terres, me citait le vieux dicton russe que son père slovaque, qui était arrivé au pays sans le sou en 1913, avait l'habitude de lui débiter : « De combien de terre un humain a-t-il besoin? ». La réponse à cette question était « de six pieds, pour l'enterrer ».

Cependant, dire que la terre est à la base du système de classe donne une description inadéquate de la situation. Un facteur au moins aussi important est la durée de résidence d'une famille dans la région. Le degré de fierté sur cette question est tel qu'il existe à Maple Creek, selon ce que je me suis laissé dire, une organisation qui tient un dîner annuel auquel ne peuvent être invitées que les familles qui ont vécu dans cette région cent ans ou plus. Je dois confesser être moi-même fière de dire que ma parenté du Manitoba vit toujours sur des fermes construites par ses familles en 1884 et en 1885. Le fait que ma parenté du Québec et de l'Acadie vit au Canada depuis la seconde moitié du XVIIe siècle est moins important pour cette communauté que le fait d'avoir vécu dans les Plaines.

J'ajouterai toutefois un bémol à ce qui précède : pour gagner le respect de ce système qui compte comme valeurs l'ancienneté et l'abondance des terres, un autre critère, avatar de l'époque des pionniers, époque où tout le travail était manuel, est d'avoir la réputation de travailler fort. Un homme pourrait s'avérer ivrogne, maltraiter sa femme, ou avoir une réputation de batailleur, avais-je l'habitude de dire à Peter, indignée, s'il travaillait fort tous les jours, les hommes le respectaient. En fait, il me semblait que cette éthique, qui était à la base du système de valeurs rurales assiégé, était la première à devoir être révisée pour que cette société rurale se modernise. C'était pourtant la trame du tissu rural qui se défaisait.

J'appris à être constamment au fait de la quantité de travail accomplie par les autres. Si je ressentais qu'en cela quelque chose était curieusement déphasé par rapport à la réalité que je connaissais, je ne pouvais m'empêcher de remarquer que, si les hommes travaillaient fort, ils n'arrivaient pas à la cheville des femmes, dont le travail ne se terminait jamais. Par exemple, une femme me dit, avec de la colère dans la voix, après qu'elle eut quitté son mari (temporairement, il s'avéra) : « Je travaille toute la journée dans le champ avec lui, et lorsque l'heure du repas arrive, je cuisine pendant qu'il reste assis, les pieds relevés, à lire le journal. »

Je finis par m'apercevoir, après douze ans, que je ne connaîtrais jamais les raisons du traitement de certains par les autres membres de la communauté, car les faits qui en étaient à la source s'étaient passés quelques générations auparavant, dans l'enfance de cette génération, ou du moins n'étaient plus connus de personne de vivant. Ils étaient si gravés dans le tissu de la communauté qu'ils ne pourraient jamais en être extirpés, et les gens qui y réagissaient ne remarquaient plus, ou n'avaient jamais remarqué, qu'ils l'étaient. Il me faudrait des années pour apprendre cela, moi, une étrangère.

Appartenir à la communauté de femmes d'ici comme j'appartenais à la communauté des femmes de ma ville allait être beaucoup plus épineux que je ne le croyais. Je ne comprenais toujours pas que je n'aurais jamais les mêmes conversations avec les femmes de la campagne qu'avec mes amies de la ville, parce que la routine des activités quotidiennes était fondamentalement différente, mais également parce que leur approche et leur vision de la vie étaient différentes.

J'étais de plus en plus souvent invitée à des cercles dont les activités, malheureusement, ne m'intéressaient pas, de telle manière que, souvent, après avoir engagé une discussion avec moi-même — et si grand que fût mon désir d'appartenance —, je déclinais l'invitation. Indépendamment des conditions dans lesquelles j'avais vécu ou de ma solitude, je ne regrettai jamais d'avoir décliné ces invitations. Je ressentais une grande nostalgie d'appartenance sans réaliser que j'y résistais. Je n'étais pas encore arrivée à comprendre rationnellement et agissais en fonction de mes tripes; et pourtant, j'avais eu assez de présence d'esprit dans ce cas pour suivre mon intuition, qui me disait qu'il n'y avait pas de choix à faire; cette appartenance aurait à se faire selon mes propres termes, quels que soient ces termes lorsque j'en ferais finalement la découverte.

Plusieurs d'entre nous portent des rêves d'enfance qui n'ont jamais été réalisés. Le mien était d'être une artiste visuelle. En dépit du fait que mes spécialisations au premier cycle étaient en arts visuels et en littérature anglaise, mon rejet de ce que je sais maintenant être ma vraie nature était si complet que lorsque je retournai à l'université après dix ans sur le marché du travail, je choisis délibérément de faire une maîtrise en éducation spécialisée. C'est dans ce domaine que j'avais gagné ma vie pendant les sept ou huit années précédentes, et lorsque je décidai de retourner à l'université, j'avais déjà rejeté l'idée de faire une maîtrise en arts visuels parce que — c'étaient les années soixante-dix — il me semblait que les départements de beaux-arts avaient sombré dans un tel chaos qu'ils rendraient folle une vierge de signe comme moi. Je rejetai également l'idée de faire une maîtrise en anglais parce que je croyais qu'après toutes ces années à travailler avec des enfants de la rue à Halifax et des adolescents de Saskatoon accusant un retard de développement, le pur ennui d'être tatillonné au sujet des mots me tuerait. À l'époque, je croyais vraiment qu'il s'agissait de réelles raisons; avec un peu de recul, je puis seulement ajouter qu'il est tout à fait possible que j'aie refusé les deux solutions non seulement parce que ma vie serait précaire, mais également parce que j'aimais tant ces deux champs que ma crainte d'y échouer était profondément ancrée.

Dès que j'eus commencé l'école, à six ans, je sus que je pouvais dessiner, et que le dessin et la peinture me donnaient beaucoup de plaisir. À mesure que je grandissais, ce talent était renforcé par mes camarades de classe, par mes enseignantes et par ma mère, qui chérissait ce don (mes soeurs avaient également ce don, ma soeur aînée bien plus que moi). Souvent je dessinais mieux que quiconque dans ma classe, et j'aimais mieux les arts — toutefois je détestais l'artisanat, pour lequel je n'avais aucun talent; d'ailleurs, l'artisanat était plutôt ce à quoi ressemblaient les classes d'art.

J'avais commencé à m'imaginer une vie d'artiste.

Je fréquentais l'école secondaire des enfants de la classe ouvrière et des immigrants, de laquelle on pouvait recevoir un diplôme de secrétaire ou de mécanicien. Toutefois, par un coup de veine que je ne me suis jamais expliqué, c'était à l'époque la seule école en ville qui offrait un programme complet d'art. Elle comptait un réel artiste dans ses rangs, qui cumulait les fonctions de directeur du département et de seul professeur. Je pus ainsi obtenir ma spécialisation en art, et voir ma soif d'art constamment étanchée par mes classes quotidiennes avec cet homme durant la plus grande partie de mes quatre années dans cette école.

Mon professeur était l'artiste saskatchewanais bien connu Ernst Lindner qui, en tant qu'immigrant, comprenait que ceux d'entre nous qui faisaient face à un avenir sans sécurité financière ou contacts utiles avaient besoin qu'on les mette en confiance, qu'on leur dise que même des jeunes de la classe ouvrière avaient droit à une vie satisfaisante, que même moi, je pouvais aller à l'université et entreprendre des études en arts visuels — ce que, armée du sentiment de sécurité qu'il me prodiguait, je fis.

J'avais terminé la première année de mon baccalauréat avec spécialisation en arts visuels lorsque je commençai à me préoccuper de gagner ma vie. Je n'avais pourtant pas d'autres plans que de devenir artiste, pas de solutions de rechange en tête. Je commençai à regarder en face le fait que la vie des artistes est une survie, et je savais que je ne voulais pas passer le reste de ma vie dans la pauvreté. J'en avais assez de la pauvreté; du moins était-ce ce que je me disais. Aujourd'hui, je crois que j'avais peur de ne pas être assez talentueuse; je n'avais pas le coeur d'entrer dans le monde sans un moyen sûr de gagner ma vie.

L'inévitable arriva : personne ne voulait d'une professeure d'art. Je travaillais si fort — j'étais devenue mère par-dessus le marché — que je n'avais plus le temps de peindre, et, avant que je ne m'en rende compte, mon identité d'artiste avait pâli au point qu'elle n'en était plus que l'ombre. J'eus à peine le temps d'en faire le deuil. N'eût été des peintures accrochées aux murs de nos appartements successifs, personne n'aurait su ce que j'avais été. L'artiste naissante en moi s'enfouissait plus profondément chaque année. Je croyais toujours, sans vraiment y penser, qu'un jour je retournerais à mon art.

J'avais été mariée environ six ans — un mariage qui n'allait pas très bien, chose que je ne saisissais pas à l'époque — lorsque, au cours de l'un de nos nombreux déménagements d'un appartement à l'autre, mon mari jeta dans le dépotoir municipal la douzaine de tableaux que j'avais gardés pour me prouver que j'avais déjà été une artiste. Il se passa plusieurs semaines avant que j'en sois informée; il n'y avait alors plus d'espoir de les récupérer. Je n'essayai même pas de les retrouver.

J'étais trop stupéfiée par cet acte pour exprimer mon choc. J'avais déjà montré à mon mari plus de colère parce qu'il m'avait fait perdre ma page dans un livre. Je n'ai presque rien dit, ni à ce moment ni depuis. Et puis je ne voulais pas accorder d'importance à ce fait. Je croyais que si je ne lui en accordais pas, il n'en aurait pas. Je ne savais pas qu'il y a un endroit à l'intérieur de nous où notre vie réelle continue, comme une rivière souterraine dans un pays desséché, qui coule, que l'on en soit conscient ou non. Ce fut un coup tel que je ne pus même pas réagir. Je découvrirais que ce coup avait laissé une blessure durable.

J'ai pardonné son acte à mon mari il y a longtemps, non parce que je suis une sainte, mais parce que ni lui ni moi n'étions alors conscients de nos vies; s'il avait compris, je sais qu'il ne l'aurait pas fait. Je ne sais comment je lui ai rendu cet acte, mais je sais que cela a dû être quelque chose d'aussi terrible, et d'aussi incompréhensible.

Durant la dernière année de ma vie urbaine, après que Peter et moi eûmes décidé de nous marier, j'avais commencé à passer mon temps libre autrement. Pendant des années, je n'avais lu que dans mon domaine, tentant désespérément de rester à jour. Maintenant je retournais à ma lecture de romans, quelque chose que je n'avais pas fait depuis des années, bien que la lecture eût été, à partir du lointain moment où j'avais appris à lire dans un couvent sur les rives de la Saskatchewan, la plus importante activité de ma vie. C'était comme si, sachant que la fin de mon long labeur à l'université était en vue, je redécouvrais peu à peu les intérêts que j'avais, par pur épuisement, abandonnés un à un au cours des années précédentes.

Je repris le travail à l'aiguille et brodai, en appliqué, quelques housses de coussins extrêmement laides. Je fis quelques tapisseries sur canevas et considérai le batik, technique que j'avais apprise durant les quelques années où j'avais enseigné l'art à l'école primaire. Je réalisai peu à peu, mais avec de plus en plus d'impatience, que le jour si longtemps attendu était arrivé : après le mariage et mon déménagement au ranch, je reprendrais la peinture.

J'arrivai dans ma nouvelle vie munie de crayons à mine tendre et de papier à dessin épais, rugueux, avec l'intention de retrouver mon chemin en affinant d'abord mon dessin. Bien sûr, il y eut d'abord les inévitables privations physiques, qui prirent beaucoup de mon énergie, mais elles devinrent sinon routinières, du moins plus faciles à gérer. Les après-midi, lorsque Peter partait seul à cheval, travaillait avec d'autres hommes, ou faisait des affaires en des occasions où je ne pouvais l'accompagner, je prévoyais prendre mon carnet à dessins et des crayons puis me chercher un sujet. J'essayai vainement.

J'apportai mon matériel au corral et fis quelques vaines tentatives pour traduire la grange avec son intéressante coupole à moitié détruite et remplie d'hirondelles. J'essayai de dessiner les herbes qui poussaient autour de la rampe inférieure, tout érodée, le corral et les cabanes rudimentaires qui avaient un jour servi de dortoirs aux colons et qui abritaient maintenant les détritus des vies de ces colons, tels que de vieux manteaux de bison tout raidis, des lampes au kérosène brisées, des casseroles en granite bleu ébréchées ou cabossées, des tables bancales, des armatures de lits rouillées; je luttai pour rendre la vieille pompe à eau sur sa plate-forme de bois défoncée. Dans le parc à bestiaux d'une ville voisine, pendant que Peter était à une vente de bétail, je m'assis dans le camion et dessinai le silo et son annexe. C'est le seul dessin que j'aie complété.

Il me manquait quelque chose. Mes premiers traits de crayon m'avaient appris que j'avais perdu presque tout mon art dans les dernières vingt années. Cela ne m'inquiétait pas vraiment; je savais que je pourrais retrouver ma forme. Ce qui me manquait était quelque chose de plus essentiel que la technique. Dessiner exigeait une concentration intense, une absorption complète dans le sujet et dans les matériaux avec lesquels on travaille. C'était habituellement une sorte de concentration parfaitement joyeuse — du moins cela l'avait-il été pour moi.

Maintenant je découvrais que je ne pouvais pas me concentrer du tout; je ne pouvais trouver ce niveau d'absorption, ne pouvais absolument plus faire jaillir le désir de dessiner ou peindre. J'avais naïvement pensé que dans ma nouvelle vie je pourrais redevenir peintre, et je devais désormais accepter que le rêve s'était évaporé, que je ne peindrais jamais plus. Je n'en avais plus le coeur. J'étais dévastée.

J'étais toujours une citadine; je venais d'un milieu où chacun était défini par ce qu'il ou elle faisait. Sans emploi, ni amies, ni famille, ni rien à faire, je commençai à me chercher un point d'ancrage, un cadre, une structure, pour m'aider à vivre mes jours dans cet étrange nouveau monde, qui m'était inopinément, du moins au quotidien, aussi étranger que si j'avais épousé un Arabe ou un Inuit et avais vécu dans sa culture.

L'après-midi où j'avais marché dans le champ, grimpé la colline et découvert Peter endormi sur le sol entouré de ses animaux avait été un moment profondément significatif pour moi, un point de repère auquel je mesurais chacune de mes expériences. Il me semblait que quelque chose m'avait été révélé au sujet de mon nouveau mari que je n'aurais jamais deviné. J'avais eu un aperçu de ce que serait ma vie désormais, qui m'informerait si seulement j'arrivais à comprendre ce que cet aperçu représentait pour moi. Ce moment était similaire à mes rêves-visions en ce que, quelle que fût sa signification, je la ressentais plutôt que de l'assimiler intellectuellement. Comme le matin de mon enfance où ma poitrine s'était remplie de lumière, mon corps entier ressentait ce que je voyais non pas comme un choc, mais comme l'ouverture d'une porte dans une maison sombre et lugubre sur un monde de lumière, de couleurs et de chaleur. Je conservai cette expérience de la même manière que j'avais conservé celle de l'esprit du coyote, ainsi que des merveilles et beautés du monde. Je n'en parlai pas, ce qui ne voulait pas dire que je l'avais oubliée.

En secret, je méditai et méditai sur cette image de Peter endormi dans l'herbe parmi ses animaux, sentant qu'il y avait, à peine hors de ma portée, un message qui, une fois déchiffré, serait la clé de mon nouveau monde, ce monde qui m'offrirait les bases qui me manquaient tant, des bases qui me permettraient de savoir quoi faire de ces longues heures de mes journées, me permettraient d'entrevoir des manières de penser ce nouveau monde et d'y vivre. Car j'entrevoyais que ce nouveau monde différait de l'ancien, non pas par l'éducation, la classe ou la structure sociale, mais en raison de ce qui m'avait tant émue le jour où j'avais trouvé Peter endormi dans l'herbe parmi ses animaux.

PROMENADES À CHEVAL ET À PIED

Si je n'avais pas de travail où me rendre, pas d'amies à qui téléphoner lorsque je me sentais seule, pas d'enfant sur lequel passer mon inquiétude, j'avais toujours Peter et son travail desquels apprendre. Peter était un rancher de la vieille école en ce qu'il faisait l'essentiel de son travail à cheval. Dans les premières années de notre mariage, désireuse d'apprendre ce que lui et ses voisins faisaient tout le jour, comment ils le faisaient, et pourquoi, je posais question après question, comme une enfant de quatre ans. Son fonds de connaissances sur la prairie et sur le travail de rancher était inépuisable et il prenait plaisir à m'expliquer les choses. La seconde année, je commençai à noter mon expérience dans un journal.

Au cours des premières années, je parcourais la plupart du temps le territoire en camion avec Peter, mais souvent, lorsqu'il partait à cheval, je le suivais. Je désirais vraiment devenir une cavalière compétente, mais je n'étais plus si jeune; je n'avais jamais été sportive et, n'ayant monté de cheval qu'une ou deux fois dans ma vie, je craignais assez les chevaux.

Si les facteurs qui jouaient contre moi ne s'avéraient pas suffisants, je pourrais dire que j'avais le handicap supplémentaire de mesurer à peine cinq pieds. Tenir en bride l'un des gros chevaux de selle américains peu disciplinables de Peter m'était impossible, de même qu'il m'était un défi de descendre sans aide, sans auge ou botte de foin pour prendre appui. Peter me montra à monter un cheval comme il le faisait, depuis le côté de sa tête, en faisant face à sa croupe, en tenant la bride haute face à moi, et en tournant l'étrier vers moi, technique adoptée par ceux qui montent les broncos pour éviter de recevoir une ruade ou, si le cheval se met en tête de courir, pour éviter de se faire traîner à terre. C'est la seule technique que j'aie jamais utilisée, même avec le cheval le plus placide.

Nos promenades quotidiennes duraient habituellement quelques heures, mais s'étiraient parfois jusqu'à six ou huit heures, voire dix. Naturellement, au cours de si longues randonnées, il me fallait descendre de mon cheval. Je glissais alors mes pieds hors des étriers, m'accrochais à la selle et sautais comme une cavalière olympique saute de sa selle anglaise. Mais comme il me fallait à nouveau monter le cheval dans les champs, j'appris à le positionner dans un creux pour le monter du côté élevé, ou bien je l'amenais jusqu'à un rocher, qui me servait de marche.

Peter voyait comme son devoir d'époux d'attraper le cheval que je monterais, de le brider et de le seller, mais étant de nature laconique, il n'essayait pas de me donner des directions sur la manière de monter le cheval. Il croyait, comme il me l'avait confié lorsque je lui avais demandé conseil, que la meilleure technique était celle qu'il avait apprise étant enfant : on n'avait qu'à se promener à cheval jusqu'à ce que la fatigue survienne, et alors, parce que c'était la chose la plus naturelle, le corps adoptait la position la plus confortable. J'avais mes doutes quant à cette méthode et je les ai toujours.

Toutes ces difficultés me semblaient moins importantes une fois que, les chevaux sellés, nous nous promenions ensemble dans un champ éloigné. En l'absence de routes, à des milles non seulement des maisons mais des pylônes ou des poteaux de téléphone, en l'absence de tout signe de présence humaine, j'oubliais mes craintes, et même mes douleurs reculaient à l'arrière-plan.

La conduite du bétail à laquelle j'avais pris part avant notre mariage et qui m'avait inspiré tant de crainte et d'euphorie devint partie intégrante de ma routine annuelle. Chaque hiver, nous faisions faire au bétail la quarantaine de milles qui séparait le ranch — où n'existait ni abri ni source de nourriture — de la ferme fourragère, où, le long des anfractuosités des berges de la rivière Frenchman et des principaux canaux d'irrigation, se trouvaient de nombreux points d'abri et des provisions de nourriture pouvant durer l'hiver. Comme la famille Butala le faisait depuis qu'elle avait acheté la ferme fourragère en 1949, chaque printemps nous dirigions le bétail vers le pâturage d'été — le ranch — où il passait sept ou huit mois.

C'était une période que j'avais appris à anticiper avec un plaisir mêlé de craintes — parce que nous ne savions jamais ce qui nous attendait. Nous nous déplacions au milieu de blizzards, de froids extrêmes, pendant lesquels la température baissait à moins quarante ou moins cinquante degrés Celsius, puis où la température montait à plus de dix Celsius en janvier, de telle manière que les animaux avançaient péniblement dans la boue et étaient si déconcertés par le temps exceptionnellement doux qu'ils voulaient revenir vers le ranch comme si c'était le printemps — et cette situation était pire que si la température de moins cinquante avait duré. Une année, nous avancions dans une neige si profonde que je ne pouvais conduire le camion sans rester prise toutes les deux minutes. Peter conduisait et je marchais avec son cheval parce que je n'osais pas le monter. Je perdis plus de deux kilos en une journée. Nous avancions contre des vents printanniers si puissants et froids que nous portions chacun deux parkas, l'un par-dessus l'autre, pour nous garder au chaud. Il y avait aussi la colère des agriculteurs à gérer, une haine historique d'un mode de vie opposé, une haine si prononcée que certains d'entre eux refusaient même que le bétail passe sur la route qui bordait leurs fermes, et refusaient d'autant plus que le bétail traverse leurs terres, bien qu'elles fussent gelées et donc pas encore ensemencées.

Le printemps de notre mariage, le bétail avait déjà été déplacé. Ce ne fut pas avant le printemps suivant, pendant la deuxième année de notre mariage, que Peter et moi devînmes un couple de ranchers typiques. C'est moi qui conduisais le camion les premiers jours pendant que Peter et les autres allaient à cheval, et ce, jusqu'à ce que nous eussions conduit les bêtes à quelques milles de leur destination. Puis nos aides retournaient à leurs tâches. Il revenait à Peter et à moi de conduire le troupeau pour le reste du trajet. Il nous fallut également reculer de plusieurs milles pour récupérer plusieurs vaches qui avaient accouché en chemin et avaient été laissées là où elles avaient mis bas parce que leurs veaux ne pouvaient pas encore voyager.

Nous repartîmes du ranch à l'aube sous une température de zéro Celsius, un vent puissant, et l'occasionel grésillement de la pluie mêlée à la neige. Nous passâmes la journée à cheval, avec pour toute collation un morceau de fromage et quelques pommes que j'avais fourrées dans mes poches. Ensemble, nous rassemblâmes l'essentiel du troupeau dans des champs couvrant six ou sept sections[2], c'est-à-dire plus de six milles carrés, une superficie que je m'épuisais à couvrir, particulièrement en raison des nombreuses collines, dont plusieurs dépassaient cent pieds d'altitude. Mais Peter semblait ne pas trouver quoi que ce soit de difficile dans cet exercice. Il avait été élevé à l'époque où, de la fin de l'automne jusqu'au 1er mai environ, des lois de

[2]NdlT : Une section est une mesure utilisée dans l'Ouest qui équivaut à un mille carré.

gardiennage libre s'appliquaient. Cela signifiait que son père, lui et leurs ouvriers saisonniers rassemblaient chaque jour à cheval le bétail en troupeau, bétail qui était souvent à plus de vingt milles de la grange où ils avaient sellé leurs chevaux.

Nous dirigeâmes le bétail vers les sentiers pare-feu tracés dans l'herbe — ce sont les seules routes dans ces immenses champs —, des sentiers qui contournaient la base des collines. Lorsque nous atteignions une clôture où se trouvait une barrière donnant accès au prochain champ, Peter me laissait en charge du troupeau pendant qu'il galopait vers les extrémités du champ pour ramener les égarées. Il restait quelques heures dans chaque champ, et puisqu'il n'y avait personne d'autre que moi dans les environs qui puisse rendre les bêtes nerveuses, puisque nous les déplacions tranquillement, comme les cowboys le font, sans crier ou les poursuivre inutilement, et puisqu'elles se savaient retourner dans leur espace, elles restaient patiemment là, ou s'éloignaient à quelque distance pour brouter. J'étais alors libre de m'asseoir, les rênes de mon cheval en main, sur le sommet herbeux d'une colline d'où je pouvais voir toutes les bêtes, dans l'attente du retour de Peter.

Nous étions à une distance d'entre cinq et dix milles de tout édifice habité. Il n'y avait personne d'autre dans le champ; pendant toutes ces journées à cheval, nous n'avions pas vu une seule personne, pas un seul véhicule. Il faisait mauvais et froid, mais j'étais chaudement habillée et j'apprenais l'art de me garder au chaud, art qui consistait en des gestes simples comme de rester à l'abri du vent sur un versant de colline. Là où les collines se faisaient rares, je m'étendais au sol dans les herbes hautes, où c'était chaud et tranquille, comme les cerfs et les antilopes, ou, en descendant de mon cheval, je le positionnais entre le vent et moi, et je marchais jusqu'à ce que mes pieds se réchauffent. Seule, je restais couchée sur le dos dans l'herbe et regardais les nuages, ou j'arrachais une poignée d'herbe et laissais le vent l'emporter. Je me souviens qu'un jour, comme j'étais censée rassembler le troupeau, je m'étais couchée avec mes mains sous moi pour me garder au chaud, mon visage face au ciel, et alors que de petits flocons de neige sèche tombaient sur moi, je m'étais endormie sur une colline solitaire perdue dans une mer de collines aux herbes jaunes marbrées de neige.

Je ne m'ennuyais jamais, le temps filait. Je devais absorber l'atmosphère et les sensations ressenties dans la nature car je n'étudiais rien de particulier, ni les herbes, ni les quelques nids d'oiseaux que nous trouvions, ni les alouettes hausse-col, ni les faucons, ni les aigles ou les antilopes que nous voyions. J'étais juste là à un moment de ma vie où je pouvais rester tranquille dans le présent, parce que ma nouvelle vie était si pleine d'étranges et fascinantes expériences à assimiler que je songeais peu à l'avenir.

Je passai, à dos de cheval avec Peter ce printemps-là, une journée de six heures, et trois journées de neuf heures afin de ramener le bétail, selon mon journal. Le matin du cinquième jour, après que nous eûmes déjeuné et que les chevaux eurent été sellés et attendaient dans la grange, j'avais déjà enfilé des vêtements chauds et j'allais glisser ma seconde botte lorsque je dis à Peter : « Je ne peux pas y aller. » J'étais épuisée, trop fatiguée même pour trouver la force de glisser cette seconde botte. Peter partit seul à cheval ce jour-là, le dernier jour avant que le bétail ne regagne son territoire habituel. L'entrée dans mon nouveau journal — l'une de mes premières — se termine par : « Il est cinq heures, Peter n'est pas encore rentré, et je suis toujours fatiguée. » Cette fatigue dura des jours.

Chaque printemps, les cinq premières années de notre mariage, nous entreprenions ce voyage, de telle manière que je finis par ne plus être constamment perdue. J'acquis graduellement une idée plus claire de ma place dans ces énormes champs vides de tout point de repère conventionnel, puisqu'une colline ressemble beaucoup à une autre. À mesure que j'apprenais cette géographie de la nature sauvage, Peter m'enseignait les animaux et les oiseaux qui l'habitaient. Sans apprentissage direct, j'apprenais à lire le ciel afin de prévoir la température, les habitudes du bétail dans son habitat de la prairie en séjournant avec lui, la composition précise de l'herbe rase en la foulant jour après jour. Je commençai à observer les passages de la lune. Comme la plupart des gens de la ville, je n'avais jamais accordé d'attention à la lune avant de venir à la campagne pour y vivre. J'étais si gênée que je ne dis même pas à Peter que, pour la première fois de ma vie, je tournais mon attention vers la lune chaque soir. Je ne connaissais rien des phases de la lune, de ses rythmes, des points cardinaux où elle se levait et se couchait. À mesure que j'apprenais à quoi m'attendre d'elle, nuit après nuit, mois après mois, une sorte de respect croissait en moi et je commençais à avoir une idée de ce qui rendait Peter si calme et si sûr de lui.

Je voulais raconter à tout le monde mes découvertes — non, je voulais d'abord les comprendre clairement, puis les raconter. Mais je réalisais que ce n'étaient pas des choses qu'on pouvait raconter aux gens. *Saviez-vous que la lune avait des phases?* Mes amis auraient pensé que j'avais perdu la tête. De toute manière, une telle question pouvait difficilement rendre la valeur de ma réelle découverte, qui était plus près de quelque chose comme *la vie a un sens*, ou *le monde a un ordre*, ou encore, *la puissance et la beauté de la nature sont vraiment surprenantes.*

Je voulais partager mes découvertes, mais les gens avec qui je vivais savaient déjà, qu'ils en parlent ou non, et je n'aurais pu rendre ces découvertes dans une conversation avec mes vieilles amies, si elles avaient pu être là pour écouter. Pour me sortir de mes frustrations, je me mis à écrire. Je le fis sans but particulier;

je ne pensais certainement pas à faire un livre de ces découvertes ou à les envoyer à qui que ce soit. Je les écrivais par impulsion, par besoin d'assimiler ces expériences, qui me semblaient si extraordinaires à l'époque que je ne pouvais y penser comme à ma vie jusqu'à ce qu'elles me soient devenues plus familières, plus concrètes.

Ces premières notes racontent précisément, dans une prose fonctionnelle, ce qui est arrivé. Par exemple, j'y ai retrouvé un compte rendu de trois pages, daté du 9 février 1978, de notre aventure en motoneige au beau milieu d'un blizzard qui avait duré cinq jours. Nous allions rendre visite à un voisin vivant à quelques milles, mais la neige s'était amoncelée sur la route en langues qui faisaient parfois huit pieds de profondeur, montant d'un côté et descendant abruptement de l'autre. Il nous avait fallu monter la motoneige du premier côté, puis Peter avait pris le volant et nous étions descendus du côté de la pente abrupte, freinant tout le long pour éviter de culbuter. Avant cette description détaillée, il y avait un paragraphe de ruminations sur le système de valeurs rurales.

En mai 1979, exactement trois ans après le début de ma nouvelle vie, je commençai à prendre régulièrement des notes. Je tiens un journal depuis ce temps, bien que le caractère des écrits de cette époque passe assez rapidement de comptes rendus factuels d'événements à la description d'un voyage psychique sur lequel, sans le savoir, j'étais déjà lancée.

Je ne pouvais être constamment avec Peter; j'avais besoin de temps pour moi, ayant des travaux ménagers à faire, la cuisine, le lavage. Parfois, Peter construisait des clôtures avec son ouvrier et n'avait de toute évidence pas besoin de moi; parfois il était à une vente de bétail, une vente aux enchères pour les exploitations agricoles, ou encore il travaillait avec d'autres hommes à une coopérative de pâturages. Toutes ces activités faisaient que je me retrouvais souvent seule à la maison.

Au cours de ces premières années, j'essayais d'être une femme traditionnelle de la campagne et ainsi je me sentais souvent vivre dans le passé. Nos deux maisons étaient très petites et très vieilles; et si les deux avaient l'électricité et l'eau courante dans la cuisine, aucune des deux n'avait le chauffage central ou une salle de bains à l'intérieur. J'avais été élevée dans ces conditions; toutefois j'étais, depuis longtemps, habituée aux commodités de la vie moderne. La plupart des femmes que je rencontrais dans le pays avaient grandi avec ce mode de vie traditionnel. Cependant, j'étais l'une des seules qui le connaissaient toujours, en partie parce qu'une fois les enfants nés, la vie des femmes était plus circonscrite — plusieurs d'entre elles n'allaient plus à cheval ni ne travaillaient dehors avec leurs maris, sauf durant l'ensemencement ou la récolte — et parce que, après la période de colonisation, on faisait des efforts pour assurer aux femmes et aux enfants l'eau courante, une salle de bains dans la maison et le chauffage central. Plusieurs des connaissances de mon âge n'avaient pas eu d'eau courante pendant la période où elles avaient eu des bébés aux couches. Toutefois des souvenirs de cette vie — remémorés dans l'ambivalence — étaient encore vivants et familiers à toutes celles qui avaient grandi dans l'Ouest.

Bien sûr, je souffrais de cette vie traditionnelle comme toutes les femmes de la campagne : je souffrais d'épuisement physique, de l'occasionnel sentiment de ne pas correspondre à ma nature féminine, voire à ma nature particulière d'être humain, même si j'ignorais comment ma nature finirait par se fixer — j'avais ces occasionnels mais ardents désirs de m'habiller, de peindre mes ongles et de friser mes cheveux pour sortir, d'être dans un endroit élégant et luxueux et de me faire servir.

De cette période, mon journal dit :

Je me suis noirci un ongle en le coinçant entre le levier de la pompe et la pompe (notre système d'alimentation en eau a gelé et il nous a fallu pomper l'eau à la main jusqu'en juin, début du dégel). Je me suis foulé le pouce en faisant monter les bouvillons dans le camion. J'agitais un gros bâton à travers le barreau de la chute lorsque le bouvillon que j'essayais de faire bouger a reculé, coinçant ma main entre le bâton et le barreau en rondins. J'ai cru que mon pouce était fracturé. J'ai une brûlure sur la paume de ma main gauche. Je donnais de l'eau à l'un des chevaux que je tenais par la bride quand il s'est brusquement éloigné de moi, et ce soir je me suis entaillé le doigt en coupant des légumes.

J'apprenais à être une femme différente de celle qui dansait le rock toute la nuit dans les clubs, qui rivalisait avec les hommes au travail, empruntait de l'argent à la banque, avait acheté une maison, s'était fait faire une manucure, jetait son dévolu sur certains hommes et repoussait les avances d'autres, une femme qui faisait face seule à un monde urbain, moderne. À mesure que j'apprenais à vivre de cette façon, une partie de moi commençait à sentir que tout cela — la vie d'une femme urbaine moderne — avait été une erreur, et qu'elle n'était peut-être pas une telle amélioration par rapport à la vie de ma mère.

La maison du ranch avait un poêle en fonte dans la cuisine, utilisé davantage désormais pour chauffer que pour cuisiner — mais Peter préférait y préparer le café du matin, jurant qu'il était meilleur —, et une chaufferette au propane dans le salon. Les chambres n'étaient pas chauffées. Au ranch, vers la fin de l'automne, lorsque la température atteignait moins cinquante degrés Celsius, et durant les jours de froids saisonniers, au printemps et à l'automne, Peter et moi gardions le poêle en fonte de la cuisine allumé en tout temps pour nous garder au chaud.

Dans une région où il n'y avait pas d'arbres et donc pas de bois, les gens conservaient de vieux poteaux de clôture et le bois de greniers à céréales démolis pour s'en servir comme bois de chauffage. Autrefois, ils avaient utilisé les bouses de bisons comme combustible jusqu'à ce qu'il ne reste plus de bisons dans la prairie; puis, ceux qui ne pouvaient se permettre de charbon et n'avaient pas accumulé de bois de chauffage brûlèrent des bouses de vache.

Dans la cave, au ranch, il restait un peu de charbon, que j'ajoutais au bois les jours de grands froids pour que le feu dure plus longtemps. Je me souvenais de ma jeunesse passée dans une petite ville de la Saskatchewan, du bac à charbon à côté du poêle de la cuisine, de la pile d'un noir lustré, dans la cave, sous la chute à charbon, où l'on nous envoyait le ramasser.

Mais avant que je puisse ajouter les vieux poteaux de clôture que Peter avait déjà sciés en billots, puis en morceaux qui entreraient dans le poêle, il me fallait ramasser des copeaux de bois et les longs éclats avec lesquels démarrer le feu. Avant longtemps, tous les copeaux et les éclats de bois de la dernière pile que Peter avait préparée auraient été utilisés. Alors j'enfilerais mes bottes et ma veste, mon foulard et mes mitaines, et me mettrais à chercher dans tous les coins de la cour, faisant voler la neige d'un coup de pied, ou poussant du pied une racine dans l'herbe haute, afin de ramasser quelques morceaux de bois pour démarrer le feu et l'entretenir. En marchant, je sombrerais dans une rêverie, les sons de la cour déjà silencieuse étouffés par la neige tombante, le paysage brouillé et réduit par cette neige, sans personne à des milles à la ronde, et j'aurais ce sentiment d'être entrée dans un autre monde.

Puis j'irais faire un feu et, ayant préparé le repas sur le poêle à propane, je lirais ou écrirais jusqu'à ce que Peter revienne. *Aujourd'hui est le sixième jour de suite où je suis seule*, avais-je écrit ce jour-là dans mon journal. C'était le troisième printemps que je vivais ainsi.

C'était un monde où les choses étaient ce qu'elles semblaient être, où elles étaient claires et simples, leur sens étant si élémentaire que je n'avais pas à y penser en utilisant mon cerveau. Je pensais plutôt avec mes os et mes muscles, ainsi qu'avec cet espace profondément humain dans mes entrailles.

Il me fallait porter des combinaisons longues à l'intérieur comme à l'extérieur, en partie parce que je devais utiliser une toilette extérieure, et même si tout était vieux et usé selon mes normes, même si la vie était réduite à un minimum absolu — je pensais à mes diplômes universitaires durement gagnés afin qu'ils m'évitent une telle vie — et que je faisais des travaux physique exigeants, j'évoluais dans un monde de beauté. Je trouvais ma vie belle.

Je faisais maintenant l'expérience directe de ce que j'avais appris des histoires de mes mère, grand-mère et tantes, et dont j'avais de lointains souvenirs. C'était profondément satisfaisant, en dépit des épreuves physiques très réelles. Cela avait à voir avec un sentiment primitif d'être femme, émergeant de ce que j'avais appris de la vie de mes ancêtres féminines et d'une mémoire tribale, inconsciente, beaucoup plus fondamentale que la simple histoire d'une famille, et dont je n'avais même pas soupçonné l'existence.

C'était aussi ceci : j'apprenais à vivre dans une nature qui forgeait directement ma vie, mes activités quotidiennes, la température, les saisons, le lever et le coucher du soleil et de la lune. Je devenais de nouveau consciente de la présence toute-puissante de la nature. Si quelqu'un m'avait posé la question, j'aurais été incapable de dire ce que je pouvais apprendre de la vue de Peter endormi parmi ses animaux dans la prairie ce premier été, mais j'étais en train de l'apprendre. Je l'apprenais lentement, douloureusement, dans la solitude et le silence, par ma propre expérience.

De temps à autre, avec soulagement — parce que je n'avais pas encore pleinement accepté que ma nouvelle vie serait permanente, ou parce que je n'étais pas satisfaite de ce que les conditions resteraient celles qu'elles avaient été jusqu'ici —, je retournais *chez moi,* en ville, pour rendre visite à ma famille, et pour voir mon fils, qui vivait avec son père et la nouvelle femme de ce dernier de manière à pouvoir fréquenter l'école secondaire en ville. J'appelais mes plus chères amies et nous prenions un verre lorsqu'elles avaient terminé leur journée de travail.

Toujours aussi affectueuses et compréhensives, mes amies m'interrogeaient sur ma nouvelle vie. J'essayais de répondre. Je pouvais énoncer des faits, mais je ne pouvais aller plus loin. Leurs questions, toutefois, semblaient n'être jamais à propos de faits, mais portaient sur ma vie émotive, mes relations avec mon nouveau mari et ma nouvelle communauté. Je ne connaissais pas les réponses à ces questions ou, si au fond de moi je les connaissais, elles n'étaient pas arrivées au niveau de ma conscience et je ne pouvais les exprimer. Et, face à leurs questions, je n'avais aucun pouvoir concret sur ma vie : je n'avais pas d'emploi, et donc pas d'argent à moi, je n'avais pas d'auto et vivais si loin de la ville que ce qui n'avait pas eu d'importance en ville déterminait désormais mon existence. Je ne savais comment parler de cela, n'ayant pas encore accepté ma nouvelle dépendance — tout en sachant qu'elle n'était pas inhabituelle dans les mariages traditionnels, que je l'avais volontairement choisie. Par ailleurs, je n'étais pas convaincue que ma relation avec Peter était fixée, ou que si j'essayais de l'expliquer, je parviendrais à faire comprendre à mes amies, toutes féministes à divers degrés, ma situation. Et lorsqu'elles m'interrogeaient sur des faits, je n'étais même pas toujours certaine de leur nature.

Je me sentais impuissante également parce que, vivant désormais dans une communauté où je n'avais ni famille ni amis, personne qui se tiendrait en allié à mes côtés, je me sentais à la merci de la famille dans laquelle j'étais mariée et de la communauté où j'étais venue vivre. Je ne m'attendais pas à être pleinement indépendante; je n'étais pas non plus préparée à l'être. Ces longues conversations intimes avec mes amies — dont le fondement était notre style de vie commun jusque-là —, conversations qui avaient autrefois été l'aspect le plus important de ma vie si on excluait mon enfant, n'avaient plus de pertinence pour ce que je traversais à ce moment. Moi à qui les mots n'avaient jamais manqué, je n'avais plus rien à dire.

En fait, je découvrais la vérité du dicton : « On ne retourne jamais dans son pays »[3]. Je m'accrochais à mon ancien monde, terrifiée à l'idée que je perdais quelque chose de valable en perdant contact avec cet ancien monde, mais en même temps, je m'étais engagée à vivre dans mon nouveau monde, que j'essayais désespérément de comprendre pour m'y tailler une place.

Pour un certain nombre de raisons, je n'avais pas terminé ma thèse de maîtrise lorsque Peter et moi avions décidé de nous marier. J'avais apporté au ranch des boîtes et des boîtes de papier : des copies d'articles reliés à mon sujet de thèse, les feuilles originales des tests que j'avais administrés à des enfants pour mon étude, qui portait sur l'utilité d'un nouveau test d'intelligence pour enfants, le projet préliminaire, les feuilles de données de l'ordinateur et différentes versions de ma thèse, dont il ne me restait qu'un chapitre à écrire lorsque je décidai de l'abandonner.

J'avais également apporté plusieurs livres, des articles ménagers et des effets personnels; il n'y avait tout simplement pas de place pour ces boîtes remplies d'articles et de chapitres de thèse désormais inutiles. Je disais que je les brûlerais, mais pour indiquer ma difficulté d'accepter que mon ancienne vie ne me convenait plus, voici ce que je notai dans mon journal :

J'ai brûlé les papiers que j'avais conservés pendant trois ans sans y jeter un coup d'oeil. Je faisais très attention de

[3]'You can't go home again.'

ne pas les lire en les brûlant. Je pensais : ces papiers sont des souvenirs. Si je ne les regarde pas, je ne m'en souviendrai pas. Alors je brûle des souvenirs. Mais cette pensée m'a menée à la question de savoir si je pourrais brûler tous mes papiers ou seulement quelques bagatelles choisies. Je me suis interrogée et... ai réalisé que c'était moi qui refusais de laisser aller le passé. Ce ne sont pas les gens avec lesquels je suis présentement. C'est moi qui ai peur de lâcher prise parce que j'ai eu peur jusqu'ici de prendre un engagement final, permanent, dans cet endroit et dans cette vie.

Pendant longtemps, j'allais flotter entre mes deux vies, sans m'enraciner dans aucune.

J'avais tant à apprendre avant de faire de cet endroit mon chez-moi. Écoutant les conversations des voisins, écoutant Peter, observant la région et posant des questions, je commençai à emmagasiner un fonds de faits qui contribuerait à mon sentiment d'appartenance à cet endroit. Lorsque j'arrivai ici, je ne connaissais rien de l'histoire de la région, de ses gens, ou de cette terre, mais Peter, à son meilleur lorsqu'il parlait de la terre, m'apprit bientôt que la qualité du sol était pauvre — c'étaient principalement des sols bruns, qui avaient l'air pâle et malade du point de vue de quelqu'un qui avait été élevé sur le riche terreau de la fertile partie centrale de la province — et que c'était une région aux précipitations si rares qu'elle était officiellement qualifiée de semi-aride, un seul désespérant niveau au-dessus de la qualification *désertique*.

Les premiers agriculteurs, arrivés il y avait seulement soixante-quinze ans, avaient essuyé de telles épreuves que, durant les années vingt et la Crise, le gouvernement avait dû déplacer des familles entières vers de meilleures terres pour éloigner la famine. Dans les régions possédant un bon sol et des pluies suffisantes, on pouvait arriver d'Europe les poches vides et après quelques années d'agriculture se retrouver à l'aise. Cela n'avait jamais été le cas pour le Sud-Est de la province, m'avait confié Peter. Nous vivions parmi des agriculteurs de deuxième et de troisième génération, et rarement — lorsque les gens avaient eu la chance de s'installer sur des parcelles de bonne terre — rencontrait-on de réelle prospérité.

Abruptement, peu après mon arrivée, tout cela changea. Il commença à pleuvoir, les prix du blé montèrent en flèche — le durum monta au prix record de plus de huit dollars le boisseau — et la Commission canadienne du blé put pour une fois trouver des marchés pour tout le blé produit. Les agriculteurs, nos voisins, avaient soudain de l'argent, quelques-uns en avaient pas mal et, pour la première fois, des familles d'agriculteurs pouvaient se permettre quelques-unes des commodités que les gens de la ville tenaient pour acquises.

L'argent passa d'abord à acheter la plus récente machinerie agricole : les semoirs pneumatiques remplacèrent les semoirs traditionnels, les moisonneuses-batteuses devinrent si énormes que la plus grosse d'entre elles aurait pu remplir de grains un camion de trois tonnes en deux minutes; des tracteurs à quatre roues motrices, aussi gros que de petites maisons, apparurent du jour au lendemain dans les champs des agriculteurs. Même si notre grain ajoutait une belle prime à notre revenu, Peter tint ferme à la décision arrêtée lorsqu'il avait repris l'opération dans le milieu des années soixante : il n'était pas fermier, n'aimait pas l'agriculture et était désormais trop vieux pour investir le quasi-quart de million de dollars nécessaire à l'achat des meilleures machines agricoles. Tout autour de nous, la prairie basse[4] était labourée pour laisser place à la culture du blé — le gouvernement encourageait les agriculteurs en subventionnant le dégagement de nouvelles terres —, et à mesure que la prairie basse disparaissait, Peter sentait la nostalgie le gagner. Il

[4]NdlT: Short Grass Prairie (traduction: Termium).

n'accepterait jamais qu'une charrue touche ses terres, s'il y pouvait quelque chose.

La fragilité du paysage est telle que même aujourd'hui un oeil avisé peut repérer une terre qui a été dégagée il y a plus de soixante-dix ans et qui a depuis été laissée en jachère; personne ne sait si ces terres retourneront à leur condition originale. Les traces du chemin qu'empruntait le poney emmenant Peter à l'école depuis la maison du ranch par monts et par vaux sur les quatre milles et demi qui le séparaient de la ville désormais fantôme de Divide sont encore très visibles. Un autre chemin tracé par le poney qui menait un certain enfant à l'école il y a près de cent ans demeure une cicatrice sur le paysage érodé que je puis voir depuis ma fenêtre lorsque la lumière descend à un certain angle.

Au cours de la troisième année de notre mariage, nous construisîmes une nouvelle maison. Dieu sait que nous en avions besoin. Partout autour de nous, enfin, de nouvelles maisons poussaient comme des champignons, puisque, jusque-là, la plupart des gens avaient vécu dans les maisons que leurs parents avaient bâties dans les années quarante et cinquante, des maisons beaucoup trop exiguës et désespérément vieillies : elles laissaient entrer les mouches, l'air froid et la pluie et, pire encore, étaient infestées de souris. Je voulais que l'on bâtisse la nouvelle maison au ranch. J'imaginais que ce serait le paradis de vivre tous les jours au milieu de tant de beauté. L'éloignement me semblait ajouter à son intérêt.

Mais Peter ne voulut rien entendre. « Tu n'as jamais passé l'hiver ici », me dit-il — quoique j'y eusse vécu jusqu'en janvier deux années de suite —, l'hiver, il vente continuellement et il n'y a aucun abri, les routes sont toujours envahies par la neige; il est impossible de quitter la maison, et le plus proche voisin est trop loin, sans parler de la ville la plus proche. » Il était inflexible, et j'avais depuis appris qu'en de telles occasions, étant donné son expérience, il avait toujours raison. Nous construisîmes donc notre nouvelle maison dans la vallée, près de la ferme fourragère, et si j'ai désormais appris à aimer cet endroit autant que le ranch, il y a encore des jours où je regrette de ne pas y vivre.

Cette nouvelle prospérité permit aussi aux agriculteurs de voyager. Entre les quelques années s'étendant de la fin des années soixante-dix au début des années quatre-vingts, un voyage à Hawaii ou à Mexico était de rigueur en hiver chez les familles d'agriculteurs. Même Peter et moi fîmes deux courts voyages à Mexico pendant ces années, des voyages payés par les revenus du blé, pas du bétail. Des groupes entiers de voisins et leurs familles allaient également skier au Montana chaque hiver, mais les vacances suprêmes durent être l'hiver où environ dix couples, tous des amis et voisins — Peter et moi n'étions pas de ce voyage —, avaient réservé un tour guidé particulier pour un voyage de deux semaines au Mexique.

Je ne pouvais m'empêcher d'envier nos voisins; Peter me répétait cependant que la nouvelle prospérité des agriculteurs serait de courte durée avant l'inévitable retombée, que Palliser avait eu raison : c'était un pays sec et la sécheresse reviendrait; peu importait ce que disaient et faisaient les scientifiques qui étudiaient les récoltes, il faudrait toujours de la pluie pour faire pousser du blé. Il me dit également que la fertilité du sol dans cette région, jamais très élevée, serait vite diminuée par les nouvelles pratiques agricoles — l'utilisation d'immenses machines, d'engrais chimiques, la monoculture, la mise en jachère répétée de terres pendant l'été — et qu'un prix serait un jour exigé par la terre pour de telles pratiques.

C'est une chose étrange que de vivre au milieu d'une culture qui change si abruptement. Bien que j'aie pris part à toutes ces activités — la construction d'une nouvelle maison, les voyages à Mexico —, je m'en sentais jusqu'à un certain point éloignée, en partie parce que nous n'étions pas vraiment des agriculteurs et que notre revenu était à peine différent de ce qu'il avait toujours été, et aussi parce que je voyais tout ce qui arrivait dans ma nouvelle communauté du point de vue de quelqu'un qui apprenait lentement et douloureusement qu'elle ne serait jamais qu'une étrangère.

Je me délectais toujours de la liberté de ma nouvelle vie en dépit de l'inévitable solitude et du réel baume pour mon coeur et mon âme de me réveiller chaque matin avec le chant des oiseaux dans mes oreilles et l'étendue du ciel devant mes yeux, et de retourner au lit chaque soir en écoutant le croassement étouffé de l'engoulevent ainsi que le choeur distant et mélodieux des coyotes. Flottant dans un présent merveilleux et entourée d'une communauté dont la plupart des membres, tout à leur nouvelle prospérité, semblaient ne pas avoir de soucis, je pensais peu à l'avenir, au mien comme au leur.

Je trouvais plutôt réconfort dans l'extraordinaire beauté de la terre elle-même. Les chaudes journées de printemps, traversant à cheval, à pied ou en camion un champ de prairie basse qui n'avait jamais connu une charrue depuis les dernières glaciations, je croyais n'avoir jamais rien humé d'aussi merveilleux de ma vie : de la sauge et d'autres herbes dont l'odeur, alliée au soleil, était propagée par le léger air frais qui balayait librement des milles d'herbe vierge.

Peter m'avait enseigné à voir la prairie[5] avec ses yeux et à l'aimer comme il l'aimait. Si les herbes indigènes de la prairie disparaissaient des fermes partout autour, Peter tenait d'autant plus à toutes les terres sur lesquelles il avait le contrôle, des

[5]NdlT : Si Parcs Canada a choisi de traduire le terme *grassland* par *prairie*, traduction que j'ai choisi d'utiliser, le Grand Dictionnaire terminologique suggère le terme *steppe erme*, qui définit un type de végétation herbacée, dépourvue de toute espèce arbustive. Il ajoute que le terme *erme* provient de la langue d'oc et désigne un type de formation ouverte, à prédominance herbacée, et n'ayant jamais été cultivée.

terres qui n'avaient pas été entamées depuis que le sol avait été déposé par les glaciers à l'ère géologique précédente. J'avais, et j'ai toujours, tout l'espace sauvage de la prairie dont j'ai besoin pour l'admirer et y marcher. Au fil des ans, cette terre m'est devenue plus importante que je ne l'aurais jamais cru.

Parce que j'étais très souvent seule, que je n'avais toujours pas d'amis proches à visiter, très peu de tâches ménagères, et que je ne pouvais lire ou écrire toute la journée, la marche faisait depuis longtemps partie de mes activités quotidiennes. Je marchais tous les jours, disais-je, pour garder la forme; dans mon coeur je savais que j'utilisais la marche comme prétexte pour être dehors parce que, outre mon petit jardin, que mes efforts plutôt infructueux maintenaient à peine en vie (avec la courte saison, la féroce canicule, le vent constant et destructeur ainsi que le sol pauvre, il me fallait réapprendre à jardiner), et mes sporadiques promenades à cheval avec Peter, je n'avais pas d'autres raisons pratiques pour passer une heure ou deux dans la nature chaque jour.

La marche était une manière de passer le temps, de me familiariser avec mon nouvel environnement, d'apprécier ce qui devenait rapidement la chose la plus intéressante de ma vie : le paysage. Je n'avais pas besoin d'être sociable, d'avoir des habiletés particulières; je n'avais pas besoin de compagnon ou de compagne, de véhicule, d'argent, d'arme ou d'habillement particulier. Tout ce que j'avais à faire était d'ouvrir la porte, de choisir une direction et de commencer à marcher. Il me fallait toutefois éviter les champs où circulaient les taureaux ou, particulièrement au printemps, les vaches et leurs veaux nouveau-nés, mais dans un espace si vaste, le problème était aisément résolu.

À mesure que le temps passait et que je me familiarisais avec le paysage et ses repères, mes promenades prenaient une direction plus précise. Lorsque je quittais la maison, j'avais habituellement une destination en tête : un rocher, un endroit au bord de la rivière, une coulée particulière, ou simplement une section particulièrement isolée de la route de campagne, où l'on ne rencontrait jamais de véhicules. Je finis par très bien connaître chaque champ dont la distance pouvait se couvrir à pied depuis les deux maisons. Il y avait des champs que j'aimais mieux que d'autres parce que la vue en était plus panoramique, que j'y rencontrais toujours une antilope, ou que je m'y sentais mieux. Chaque champ avait son caractère.

Il y avait toutefois un endroit dans l'un des champs près du ranch où j'avais toujours détesté me promener à cheval parce que toutes les fois où nous y étions, je sentais mon cheval se tendre, passer d'un pas sûr à un caracolage, donner des coups de tête, résister à la direction que je lui imposais. Je sentais son désir de se mettre à galoper ou de se cabrer et, m'attendant à tout moment à ce qu'il me décoche une ruade ou à tomber lorsqu'il bondirait, je resserrais mes jambes contre ses flancs et racourcissait les rênes en lui parlant, comme Peter m'avait montré à le faire.

La seule explication que je pouvais donner à cet étrange comportement était la manière dont le vent s'engouffrait dans un petit val entre les collines, nous parvenant depuis une vingtaine de milles de prairies inhabitées; il me semblait que le cheval avait dû percevoir cette odeur de nature sauvage et de liberté. Une fois passée cette étendue de terre, il se calmait. Bien que ce champ ait toujours affecté mon cheval, je n'y trouvais ni inconvénient ni plaisir particulier, et je n'eus donc jamais envie de m'y promener à pied.

Le champ qui me semblait différent était un quart de section de prairie indigène, où l'habitation la plus proche n'était qu'à un mille. Je me rappelle m'y être promenée durant le premier été que j'avais passé ici. J'y suis retournée — quoique peu souvent, puisque ce champ est à une distance respectable de la maison — parce qu'il est tellement plus agréable de marcher dans la nature que le long d'une route de campagne. Et pendant des années, j'ai réservé ce champ pour les fois où je me sentirais à l'aise d'y aller. Je n'aurais pu expliquer ce que cela signifiait autrement qu'en disant que ce champ me donnait une sensation différente, curieuse, qui me faisait l'approcher avec plus de circonspection.

Depuis que les Butala avaient acheté ce champ, le bétail y avait rarement brouté et, comme ses pentes étaient trop abruptes et pierreuses pour être cultivées, il était resté à peu près intact depuis la fonte des derniers glaciers. Avec le temps, y aller me donnait un plaisir particulier en raison de la qualité vivifiante et texturée de l'air, et parce que j'avais appris à trouver une unique beauté dans un paysage que beaucoup auraient trouvé d'une froide nudité. J'attribuais mon désir d'y être à la nature sauvage que j'y respirais. De toutes les terres que Peter possédait, ce champ devint mon endroit favori pour y marcher.

Occasionnellement, durant la première année, je prenais avec moi un livre avec l'intention de m'asseoir sur l'herbe pour y lire loin de tout signe de la présence des humains. Je prenais le livre de crainte de m'ennuyer, j'imagine, avec toutes ces années passées à l'université, où je n'étais jamais sans un livre. Je découvrais à ma grande surprise que lire était ennuyeux dans toute cette splendeur — une splendeur qui saturait tous les sens, pas seulement la vue —, que lire n'avait visiblement pas de sens dans ce contexte. Je découvrais que tout ce dont j'avais besoin, c'était la prairie, que j'y rencontre ou non des animaux sauvages, qu'une seule plante y fleurisse dans un rayon de dix milles ou non. Le sol, le sentiment de l'avoir sous ses pieds, le mince tapis de courants-verts et d'herbes sauvages, les pierres, ces quelques éléments me suffisaient amplement.

Dans ce champ pierreux, j'appris des choses dont je n'aurais jamais rêvé; j'y eus des expériences qui changèrent ma vie. Ces choses étranges commencèrent à m'arriver lorsque j'étais dans la prairie — et pas seulement dans ce champ particulier — et s'associèrent dans mon esprit pour former un tout indistinct, mais de plus en plus convaincant. Je découvrais quelque chose sur la vie dans la nature dont je n'avais jamais entendu parler, à propos de quoi je n'avais jamais lu, mais ce quelque chose y aurait peut-être été si j'avais eu des yeux pour le voir.

Plusieurs de mes amis écrivains qui adorent passer du temps dans la nature connaissent leurs propres expériences sacrées, qu'ils me racontent lorsque nous marchons ensemble ou sommes étendus sur l'herbe à observer le ciel : communiquer avec les animaux sauvages, voir des choses qui ne sont pas littéralement là, apprendre des choses de gens qui ne sont pas présents, être inondé d'une nouvelle compréhension des choses. Je commence, en dépit du silence officiel de la religion et de la plupart des scientifiques sur le sujet, à penser que de telles expériences sont si communes qu'elles sont plus normales qu'inhabituelles. Il me semble incontestable que, comme Erich Neumann l'a écrit dans *Mystical Man*, « L'humain est de nature un *homo mysticus*. »

J'ai déjà dit : « Voici l'endroit où les mots cessent », en faisant référence à ce moment où, lorsqu'on ne chasse ni ne cueille, ni n'étudie, lorsqu'on ne nomme ni ne cultive, on réalise qu'une entité est présente, ou que la nature est vivante, voire qu'elle possède une mémoire. Je veux dire par cela que soudain, on ne trouve plus les mots pour décrire adéquatement ses expériences, pas d'expressions familières derrière lesquelles se retrancher, pas de noms ou de verbes dont la fonction serait de décrire une telle conscience.

Il me semble que nous avons tant laissé l'approche scientifique du monde prendre le dessus sur nos perceptions que nous craignons de mentionner de telles expériences de peur d'être l'objet de railleries ou de diffamation. Lorsque nous le faisons, nous nous retrouvons à bégayer, à lutter pour trouver les mots justes, incapables de rendre adéquatement en mots ce que nous ressentons, voyons, ou quelles sensations ces expériences évoquent en nous. Nous luttons contre le scepticisme, le nôtre comme celui des autres, puis, après un temps, nous apprenons à taire ces expériences, et tout un valable aspect de l'expérience humaine reste méconnu et sans confirmation.

Il est difficile de ne pas être fâché contre les scientifiques pour cette perte. Leur croyance inébranlable en un monde matériel, purement objectif, a tant infiltré notre culture que seule la vie religieuse nous permet la moindre latitude dans l'exploration des aspects de ce que nous pourrions appeler le « réel ». Les scientifiques se sont spécialisés dans le rétrécissement de l'expérience de la vie, nous ont fait croire que les seules vérités possibles sont celles qu'ils connaissent; ils ont mis au point des langages spécialisés que le reste d'entre nous ne comprend pas, et se sont élevés — ou ont été élevés par nous — au statut de ceux qui *savent*, cependant que les poètes, les visionnaires et les mystiques ont été relégués au domaine de la folie.

Nous utilisons des mots comme « conscience », « perception », « sentiment », « intuition » ou « sixième sens »; ce sont, autant que je sache, les mots les plus près de cette réalité qui se situe hors de l'ordinaire auxquels la langue nous laisse parvenir pour décrire la manière dont nous la saisissons. Aucun de ces mots ne me semble suffisant. Et pour ce qui est de décrire la qualité de l'expérience, sa texture, sa couleur et l'émotion qui l'accompagne, la manière dont elle s'infiltre dans notre être et l'immerge de connaissance\conscience\perception, il est peut-être futile d'essayer de trouver les mots justes et une façon de les structurer qui ferait que ceux qui nous écoutent nous croiraient.

Avant qu'une personne connaisse une telle expérience, elle ne peut *entendre* ce que dit la personne qui a connu ces expériences. Ceux parmi nous qui permettent à ces expériences de se loger dans leur psyché, qui ne les refusent ou ne les nient pas, savent qu'ils marchent sur une saillie étroite, avec la psychose d'un côté et le scientisme de l'autre. C'est un voyage dangereux que nous entreprenons avec joie, prenant soin de mettre un pied devant l'autre et d'étendre les bras pour garder notre équilibre, avec une absolue concentration sur le chemin. Le monde est plus merveilleux qu'aucun d'entre nous ne s'est hasardé à le deviner, comme tous les grands poètes nous l'ont révélé depuis la naissance de la poésie. Pour découvrir ces vérités, on n'a pas besoin d'escalader le mont Everest, de naviguer les rapides du Colorado ou de faire du parachutisme. Il ne faut qu'aller marcher.

J'étais ici depuis cinq longues années lorsque j'ai fait ce rêve : la nuit était tombée, mais il faisait presque aussi clair que durant le jour. Je me tenais sur le seuil arrière de la vieille maison du ranch. La porte était divisée au centre en deux parties, le haut et le bas, qui s'ouvraient séparément. Je regardais, par la partie supérieure ouverte, le ciel, suivant avec émerveillement le vol d'un aigle gigantesque au-dessus du ranch. Il était si gros que, ses ailes étendues, il couvrait la cour entière, d'une superficie de vingt hectares. Il avait un corps mince, stylisé, et était d'un gris délicat, pâle et lisse. Sa beauté ravissait. Même aujourd'hui, lorsque j'y repense, quelque chose dans mes entrailles s'ouvre à un infini qui m'effraie.

Devant moi, sur le rectangle de ciment du seuil de la porte, se tenait un hibou qui faisait au moins six pieds. C'était aussi une créature d'une beauté remarquable, d'un brun pâle avec sur sa poitrine des motifs d'éventails régulièrement espacés d'un turquoise profond. L'aigle planait au-dessus de nous et le hibou, qui m'observait, se heurtait sans arrêt contre la porte en face de moi, à laquelle le loquet n'était pas mis, comme s'il essayait de venir sur le porche avec moi. Le hibou n'était pas menaçant et je n'avais pas peur. Je ne faisais que lui jeter des coups d'oeil et le gardais de l'autre côté de la porte pendant que j'observais l'aigle.

J'essayai de comprendre le sens de ce rêve. Tout ce que je savais était qu'il était bien trop merveilleux pour être ignoré et que même si je n'avais pas idée de la façon d'y parvenir, il me faudrait découvrir son sens. Un rêve si beau, si mystique, devait avoir quelque chose à voir avec ma nouvelle vie, mais je ne savais pas exactement quoi. À cette époque, je n'avais pas encore saisi la profondeur du bouleversement que je vivrais en quittant un monde urbain, universitaire et féministe pour la vie rurale. Mes atomes en seraient réarrangés. Avec le temps, j'aurais la surprise de voir dans le miroir le même visage — bien que vieillissant — me regarder, alors que la personne à l'intérieur de moi se sentirait entièrement différente.

ANOMIE

Pendant mes premières années ici, lorsque je commençais à m'installer, durant la période où je suivais Peter dans sa routine de la ferme fourragère au ranch et vice-versa, je me réveillais le matin en essayant de me rappeler ce que j'avais fait le jour précédent et je n'avais qu'un trou de mémoire. Je me mettais à fouiller dans mes souvenirs en me donnant des indices : « Nous étions-nous promenés à cheval? Étions-nous allés en ville, une ville ou l'autre? Avions-nous rendu visite à des voisins? » Rien. Cela me déroutait, m'effrayait d'être entièrement incapable de me rappeler une seule chose du jour précédent.

Puis je demandais à Peter; qui y songeait une minute avant de me dire : « Nous avons embarqué la vache à l'oeil cancéreux pour l'amener voir le vet », ou : « Nous sommes allés nous promener à cheval » ou : « Nous avons réparé le graisseur à bovins. » Parfois il me fallait lui poser une seconde question sur l'endroit où se trouvait le graisseur, ou la vache à l'oeil cancéreux, avant que la lumière ne se fasse. C'était toujours un soulagement lorsque je me souvenais de quelque chose, si vague que fût le souvenir.

Je luttais pour comprendre. Avec mon instruction universitaire sur les aspects du comportement humain, je croyais être capable de comprendre le sens de cette incapacité à me souvenir. Mais même si j'essayais de me donner des raisons de me rassurer sur la possibilité que rien de sérieux n'arrivait à mon cerveau, j'avais indéniablement peur, particulièrement les jours où rien de ce que je m'étais suggéré à moi-même ne ramenait les souvenirs — qu'ils soient embrouillés ou clairs — de la journée précédente. Tout ce que je pouvais trouver comme explication, c'était que pendant ces quatre années et des poussières, j'avais vécu dans un tel état de tension, sous tant de pression quotidienne dans mon travail et dans ma vie privée, que maintenant, la pression ayant disparu pour la première fois depuis que j'étais adulte, quelque chose en moi avait lâché prise, avait quitté son poste, s'était endormi sur sa chaise.

Outre l'inexplicabilité de ces oublis, je me sentais coupable. Il était dix heures du matin et, habillée de jeans, de bottes et d'une veste de duvet pour les promenades à cheval, j'étais assise dans le camion près de Peter, rêvassant. Tout à coup, je songeais que je devrais être au travail avant même de me rappeler que je n'avais plus de travail, que, pour la première fois depuis mes seize ans et mon premier emploi, je n'avais à me présenter nulle part, et qu'il n'en résulterait auncun ennui. Ce souvenir me réconfortait, mais un élément de culpabilité demeurait parce que mes soeurs et amies trimaient toujours, se rendant à leur boulot tous les jours, comme le reste du monde, alors que moi, avec ma bonne fortune, je n'avais plus à travailler. Cette habitude était si forte que cela me prit une bonne année avant que le sentiment de culpabilité à la base de tous mes actes ne se dissolve.

Durant cette période, je travaillais à temps partiel en éducation spécialisée; je commençais donc à passer moins de temps à suivre Peter dans sa routine quotidienne. Je comprenais désormais suffisamment son monde pour n'être plus déconcertée par ce qu'il pouvait faire tout le jour, et j'avais appris que j'aimais participer à certaines activités et pas à d'autres. La douceur d'être toujours ensemble commençait à s'user; nous devenions un vieux couple. Même si je continuais de suivre Peter dans la plupart des activités, aucun de nous deux ne tenait pour acquis que je serais toujours avec lui durant le jour.

Peter avait quarante et un an lorsqu'il m'épousa; il n'avait jamais été marié, ayant longtemps vécu la vie d'un célibataire de campagne. Si je passais à travers une difficile période d'adaptation à mon nouveau mariage et au style de vie qui en découlait, Peter avait besoin de quelques années pour s'habituer à la condition d'être marié, c'est-à-dire de penser et vivre en équipe. Alors que son célibat l'avait rendu merveilleusement indépendant en ce qui concernait la préparation des repas, l'achat de nourriture, le soin général de sa personne, longtemps après avoir été marié, Peter continuait de penser comme un célibataire, de telle manière que je me sentais souvent comme une invitée, bienvenue, mais une invitée tout de même, plutôt qu' une partenaire comme les autres femmes de campagne l'étaient.

Si, d'un côté, j'enviais peu les femmes qui avaient déménagé du ranch ou de la ferme de leur père à l'endroit où elles s'étaient établies avec leurs maris — car elles n'avaient pas connu l'indépendance — je les enviais tout de même un peu car, même si leur nom n'était pas sur l'acte notarié, elles sentaient que le ranch était aussi bien le leur que celui de leurs maris, parce qu'elles y étaient depuis le début. L'endroit où je vivais était une prairie indigène lorsque les Butala y avaient jeté les yeux pour la première fois; ces terres étaient dans la famille des Butala depuis deux générations. Je ne comprenais pas le monde où j'avais mis les pieds; je ne pouvais y apporter qu'une contribution minimale; encore moins pouvais-je espérer y travailler de manière autonome. Je ne pourrais jamais me considérer comme partenaire égale à mon mari dans notre entreprise. Tout cela contribuait à me faire sentir étrangère et, avec les années, à me faire sentir désolée de ne pas aider plus : alors que j'avais été un membre valorisé de ma petite société, dans cette nouvelle vie, j'assimilais lentement le sentiment de mon inutilité.

Et, bien sûr, je n'avais pas tenu compte d'un autre facteur de la vie rurale, qui est qu'une bru doit gagner sa place dans sa belle-famille, que les autres membres des familles de la campagne ne l'acceptent fréquemment qu'à contrecoeur. Il s'agit, je crois, fondamentalement d'une sorte de xénophobie, une difficulté à accepter un étranger au sein de familles tricotées serrées, une situation documentée dans différentes cultures du monde. Dans certains cas, le ressentiment semble être lié à la possession de terres et à la croyance que la belle-fille est une intruse ayant acquis de la propriété qui, sans sa présence, appartiendrait aux autres membres de la famille et qu'elle n'a rien fait pour la mériter.

Les amis de Peter étaient des hommes; la plupart de nos visiteurs étaient des hommes; le jour comme la nuit, j'étais entourée d'hommes. Presque la moitié des conversations que j'entendais étaient celles d'hommes et portaient sur la machinerie, la terre, les animaux et l'économie de la ferme. Si, d'un côté, j'étais submergée par la mer de connaissances que possèdent les agriculteurs, d'un autre côté, je m'ennuyais ferme et éprouvais du ressentiment à être réduite à celle qui leur servait du café et leur préparait des repas. De temps à autre, je leur disais à la blague qu'ils étaient désespérément ennuyeux; ils ne faisaient que rire avec cette grâce facile et insouciante du propriétaire terrien assuré de sa suprématie incontestée dans son monde.

Les femmes m'intégraient à leurs activités, me donnaient de l'aide lorsque je leur en demandais : l'une me montra comment mettre des pêches en conserve, d'autres m'apprirent comment améliorer ma couture; elles me donnèrent des conseils indispensables sur le jardinage. Lorsque Peter n'était pas dans les parages et qu'elles parlaient de choses ayant à voir avec l'agriculture et le bétail que je ne comprenais pas, elles me les expliquaient. Aux danses et aux soupers, lorsque Peter s'éloignait avec les hommes, elles venaient s'asseoir près de moi et me parlaient pour éviter que je me sente seule. Elles m'invitaient à prendre des cafés ou venaient m'aider, comme elles l'avaient toujours fait, lorsque nous marquions les bêtes au fer, les rassemblions ou tentions de récupérer celles qui s'étaient éloignées. Généralement, je trouvais mes voisines chaleureuses et sympathiques. Ce n'était pas de leur faute si cet énorme écart existait entre nous.

Lorsque j'eus habité cette région pendant environ deux ans, je me sentis plus à l'aise avec les femmes. C'est-à-dire que j'entretenais une amitié avec cinq ou six d'entre elles dans la mesure où j'étais heureuse de les voir, de leur rendre visite pour un café ou une soirée de conversation. J'étais à l'aise avec elles et sympathique aux tribulations de leurs vies. Ensemble, nous avions trouvé un terrain d'entente : nous partagions conversations et blagues, et appréciions la compagnie les unes des autres. Aujourd'hui je pense à trois ou quatre de ces femmes comme à mes amies, faisant une distinction entre les connaissances et les amies, et j'imagine que si on leur posait la question, elles répondraient la même chose. Mais je ne vois aucune de ces femmes tous les jours; parfois je ne les vois pas pendant des semaines ou des mois. L'une des premières leçons que j'ai apprises sur la nature de l'amitié dans cette région est que les amitiés les plus profondes prennent des années à se construire — voire toute une vie; elles ne se développent pas dans l'urgence, comme en ville, où il me semblait essentiel de parler avec des amies proches trois ou quatre fois par semaine, d'organiser des activités avec elles au moins une fois la semaine, mois après mois, année après année, et où tout écart entre les contacts signifiait que l'amitié était pratiquement terminée.

Je commençais à m'apercevoir qu'un effet durable d'un

point de vue stable sur le monde est un sentiment d'intemporalité, c'est-à-dire un sentiment qu'il y a un temps pour tout. Un autre effet en est la reconnaissance de la nature rythmique du temps : le cycle des saisons, du soleil et de la lune, qui rejoint notre compréhension du cycle de la vie humaine. On naît et vit la petite enfance, l'enfance, l'adolescence, l'âge adulte, la maturité et la vieillesse. L'on meurt cependant que d'autres naissent, et ainsi de suite. Et ce cycle régulier de vie humaine est clair et immédiat dans la vie rurale où les gens assistant au mariage d'un voisin se souviennent peut-être d'avoir aidé la mère de la mariée à se rendre à l'hôpital le jour où cette mariée est née; les gens aux funérailles se souviennent peut-être d'une maladie que le mort aurait contracté cinquante ans plus tôt, et à quel point cette maladie ressemblait à l'affection qu'avait connue son grand-père.

La vie urbaine brouille ce savoir élémentaire, le dérange de plusieurs manières, entre autres en séparant les enfants des adultes dans la plupart des situations sociales, en distinguant les gens retraités des gens au travail, et en favorisant une culture de l'adolescence — ce qui ne veut pas dire que cette dernière n'existe pas à la campagne; toutefois ici, les enfants sont élevés comme main-d'oeuvre dans l'entreprise familiale et, par conséquent, les garçons et les filles sont très tôt conscients de leur masculinité et de leur féminité, de telle manière que cette adolescence n'est ni très prononcée ni très différente des autres âges de la vie. Tout cela, il me semble, nourrit un sentiment très ferme de stabilité et de sécurité — désormais troublé par la crise de l'agriculture —, un sentiment que les choses arriveront et repartiront au bon moment sans qu'on ait besoin de les poussser.

Mais, oh, comme il me manquait de parler! J'éprouvais un désir ardent de m'asseoir près d'une bonne amie et de lui dire à mi-voix : « C'est comme cela, tu vois? Et puis cela et cela encore. Je me sens — il me semble — je n'arrive pas à comprendre. » Et j'imaginais sa sobriété, la profondeur de son regard lorsqu'elle écouterait et sa sincère sympathie lorsqu'elle me répondrait. Comme je me sentirais bien après, avec combien plus de force je pourrais faire face à ma nouvelle vie!

Parfois, lorsque je posais une question à l'une des femmes que je rencontrais, je sentais un malentendu entre elle et moi. Je voyais dans son visage et dans la manière dont elle bougeait ses mains qu'elle était sur la défensive à propos de sa vie, croyant que j'étais méprisante ou que je savais des choses que j'ignorais et que je voulais continuer d'ignorer, des choses qui étaient apparemment connues dans la communauté, mais dont je n'avais pas la moindre idée à l'époque — et sur lesquelles, si j'avais su quoi que ce soit, je n'aurais jamais osé poser de questions. Je ne voulais qu'avoir les réponses aux questions que j'avais posées, pas plus. Mes nouvelles connaissances n'avaient pas idée de l'étendue de mon ignorance ni de la profondeur de mon désir de *ressentir* ce que leurs vies étaient, afin de trouver une appartenance à cette communauté.

Lorsque je me heurtais aux inévitables petites cruautés de la société, les blessures qu'elles m'infligeaient étaient hors de toute proportion avec leur signification, parce que j'étais impuissante, que je n'avais personne vers qui me tourner — car qu'est-ce que Peter connaissait des femmes? — et que j'étais sans famille ou amies pour me défendre. Avec une pointe de paranoïa, je commençai à sentir que les gens essayaient de me diminuer, de me réduire à leurs propres dimensions. Pleine de frustration et de colère, j'écrivis dans mon journal : *Ils essaient de te faire oublier qui tu es.*

Un jour, pendant la seconde année de mon mariage, il me vint à l'esprit que je pourrais écrire un roman. L'idée se présenta tout simplement, et je la rejetai immédiatement, la jugeant ridicule et cliché à en être gênante. Mais je continuais d'y penser et enfin, me disant que si jamais je n'arrivais pas à écrire, personne n'avait besoin de le savoir ou de voir un seul mot que j'écrirais, je commençai, dans un grand enthousiasme, un roman.

Le roman se passait dans une ville et la protagoniste était monoparentale, une femme de carrière avec toutes ces préoccupations urbaines qui, jusqu'à tout récemment, avaient été miennes. Même en y travaillant, je savais que mon sujet avait été traité *ad nauseam* par mille écrivains publiés. Toutefois, refusant de considérer les autres possibilités avec sérieux, je croyais n'avoir aucun autre sujet.

Écrivant, je commençai à réaliser que bien que j'eusse lu plus de romans que je pouvais en compter, je n'avais jamais porté attention à la manière dont les écrivains les structuraient. Je découvris qu'un romancier ne pourrait jamais raconter l'histoire entière, que les lecteurs remplissaient les trous je ne savais trop comment, mais qu'ils avaient besoin d'indices de la part de l'écrivain. Je ne savais trop en quoi pouvaient consister ces indices, et je n'étais pas certaine que ce que j'avais écrit jusqu'ici contenait les indices qui donneraient à mon oeuvre un fil narratif cohérent. Je commençai à me sentir incertaine quant à la prochaine étape et, bientôt perplexe, je démissionnai.

Je crois avoir toujours ces cinquante pages quelque part. Ayant perdu le fil de ce roman, l'euphorie qui y était associée, je pensai à des nouvelles. Ce doit sûrement être plus facile d'écrire des nouvelles, pensai-je. Je mentionnai mon intérêt à quelqu'un du comité du Community College de la région envers un cours qui s'y donnait, et bientôt je me retrouvai à Eastend pour suivre un cours du soir sur l'écriture de nouvelles. Notre médecin à l'époque était britannique et sa femme, notre professeure, avait un diplôme d'Oxford avec une spécialisation en littérature anglaise; c'était une femme brillante, qui possédait des connaissances infinies et qui, comme je le découvrirais plus tard, était elle-même une écrivaine talentueuse. Ce bref cours — qui dura quatre ou cinq soirs — me lança comme écrivaine.

Il n'était pas, après tout, plus facile d'écrire des nouvelles. Pourtant, pendant que je les écrivais, révisant et récrivant, j'avais en tête le roman que j'écrirais un jour.

J'avais alors trente-huit ans et j'avais enfin découvert avoir voulu être une écrivaine depuis que j'avais neuf ans et avoir, en fait, écrit un roman. C'était un souvenir d'enfance que j'avais supprimé et qui me revint lorsque j'assistai à ce cours du soir. Enfant, j'avais essayé d'écrire un livre, et j'avais été excitée en ce que le merveilleux sentiment que cette idée avait fait jaillir en moi était similaire à celui où — l'année précédente, celle de ma Première communion — un nuage était descendu et s'était allumé dans ma poitrine. À cette époque, je n'avais pas encore compris ce que c'était qu'être écrivaine, pas plus que je n'avais compris que quelqu'un écrivait ces livres que j'empruntais à la bibliothèque ou que nous utilisions à l'école — aucune de nos institutrices ne nous en avait parlé.

Ma mère — qui était une lectrice presque obsessionnelle et qui insistait pour que mes soeurs et moi lisions tous les grands livres de son enfance, de la série du magicien d'Oz aux livres de Lucy Maud Montgomery en passant par Dickens — avait probablement mentionné ces auteurs en passant, mais je doute qu'elle les ait directement liés aux mots sur la page, ce que moi-même, bien sûr, je n'avais pas fait. Dans cet environnement, l'idée que je me faisais d'écrire un livre devait être un acte purement créateur, et le merveilleux sentiment que l'idée suscitait en moi, rétrospectivement, était une illustration à la fois de la manière dont ma vie aurait dû désormais être guidée, et de l'importance d'encourager tous les enfants à des actes créateurs.

Mon premier roman faisait environ huit pages, et lorsque

je l'avais montré à ma mère, elle s'était enthousiasmée, m'avait montré à bricoler une couverture en carton, puis avait trouvé de la laine d'un rouge vif dans son panier à tricot avec laquelle relier le livre. Je lui serai toujours reconnaissante de son aide, en particulier de son enthousiasme, dont je savais, même à cet âge, qu'il était réel. Je suis désolée de dire que mon livret a été perdu il y a très longtemps. J'ai même un souvenir vague, plus ou moins fiable, de l'avoir jeté moi-même dans ma frustration d'avoir découvert que ce petit objet que j'avais cru merveilleux, presque magique, du moins lourd de signification, ne signifiait rien pour personne sinon pour ma mère, et qu'aucune de nous deux ne connaissait exactement le sens de ma création ou son utilité.

Le jour où, devenue adulte, je pensai à écrire un roman, ce que je ressentis n'était pas très différent de ce jour où, dans un grand émoi, j'avais pris cette décision. Maintenant, trente ans plus tard, je commençais à penser que cette personne à l'intérieur de moi avait toujours été une écrivaine, plus particulièrement une romancière et que je ne me considérerais jamais écrivaine tant que je n'aurais pas écrit de roman.

Je prenais chaque fois mon travail plus au sérieux; cependant, pour le moment, c'était toujours un hobby. Mes histoires tournaient autour des agriculteurs et de la vie agricole dans mon milieu. Je n'utilisais pas encore l'écriture comme instrument d'autoconnaissance, bien que j'eusse déjà entamé cette première exploration dans ce qui fait vraiment tourner le monde : les motifs des gens, leurs désirs secrets, voire inconscients, ce qu'ils doivent sûrement aimer ou détester, révélé non pas par ce qu'ils déclarent, mais par la manière dont ils meuvent leurs corps, clignotent des yeux ou détournent le regard, par leurs actions, ou par leurs brefs apartés murmurés.

Au moment où, avec délices et émerveillement, je faisais mes premiers pas chancelants comme écrivaine, je me sentais seule et malheureuse, si j'en juge par mes entrées de journal. Si fascinante que l'écriture m'ait été dès les tout débuts, et si épanouissante qu'elle soit devenue, elle n'était pas un élixir magique qui me guérirait de ce qui me faisait souffrir. Mon changement radical de style de vie, allié à notre décision conjointe, le père de Sean et moi, de permettre à notre fils d'aller à l'école secondaire à la ville, avait précipité une profonde crise personnelle et spirituelle. Les entrées dans mes journaux de cette lutte psychique mêlée à la difficulté de mes débuts comme écrivaine sont embrouillées et alambiquées, ses différentes parties si entrelacées qu'elles ne peuvent être dégagées l'une de l'autre ou structurées de manière claire : d'abord ceci, puis ceci, et enfin cela.

J'avais commencé une première vie d'épouse à vingt et un ans; j'avais lutté pour avancer dans cette direction pendant quatorze ans, lorsque soudain j'étais parvenue devant un trou béant, un abîme noir, impassable, où le chemin avait disparu. Je regardais derrière moi, mais le chemin sur lequel j'avais marché si longtemps était désormais rempli de craques et d'obstacles et avait même, à certains endroits, été effacé. Je ne pouvais pas revenir sur mes pas; je ne pouvais pas avancer. J'avais fermé les yeux et sauté, et lorsque je les avais ouverts de nouveau, je m'étais retrouvée dans un pays dont je ne parlais pas la langue et ne connaissais pas les coutumes, où j'étais une étrangère, une intruse, où j'étais seule.

Je devins de plus en plus méditative, examinant mes rencontres à la loupe, blâmant parfois les autres, parfois me blâmant moi-même pour ce qui me semblait clairement être mon échec à m'intégrer. Je m'interrogeais sur mes propres motifs, mon comportement, mes réels désirs.

Étais-je trop raisonneuse? Étais-je désagréable? Difficile? Bizarre? Oui, avais-je répondu à ces quatre questions, et à beaucoup plus par-dessus le marché. Je me critiquais, j'étais perplexe, triste, parfois belliqueuse, mais ce qui me fit l'effet le plus durable, ce fut la relecture de mon journal du printemps 1980, quatre ans après mon arrivée, où j'avais écrit *Je me sens invisible ici, et morte*. Au moment même où je reconnaissais ma capacité d'être une artiste, je me retrouvais au milieu d'une profonde crise spirituelle.

Peter ne changeait jamais. Je m'étais souvent passé la réflexion qu'il avait été bien nommé, car il était pierre, et je me sentais chanceuse que m'accompagnent son calme, sa stabilité, et sa force durant une telle période de ma vie. Il suivait sa routine au fil des ans, la modifiant lorsqu'elle devenait ennuyeuse, se gardant au courant des marchés, de la température et du fil des événements dans le monde de l'agriculture, se considérant parmi les bienheureux parce qu'il avait trouvé un endroit où il faisait de sa vie ce qu'il aimait. Il vaquait à ses affaires et moi aux miennes, et nous trouvions un réconfort dans la présence de l'autre. Chaque matin, il se levait et allait travailler dans les champs, coupait du foin, le mettait en balles, le transportait, ramenait les vaches égarées ou rassemblait le troupeau, soignait les bêtes ou les nourrissait, aidait les vaches à mettre bas, les marquait au fer, sevrait les veaux. Il était souvent parti de l'aube à la nuit. Je ne lui confiais jamais mon angoisse. Je ne la confiais jamais à personne.

Cependant, non seulement ma nouvelle vie changeait la manière dont je ressentais les choses, mais moi-même je commençais à modifier ma perception du monde. De mon cheval, je regardais les vaches à cornes de la région me dépasser d'un pas lourd — elles pesaient mille livres — avec leurs veaux, se rendre au point d'eau, et je songeais à leur pur mystère, les étudiant pour percer leur conscience, pour ressentir ce qu'elles voyaient, sentaient et savaient. Un jour je demandai en hésitant : « Elles ne sont pas très intelligentes, n'est-ce pas? » Peter me répondit après un moment, surpris, mais trop poli pour me contredire, et ressentant peut-être de la difficulté à exprimer ce qu'il savait : « Elles savent ce qu'elles ont besoin de savoir ». « Intelligentes », comme je le comprendrais plus tard, était la mauvaise direction à prendre lorsqu'on se représentait les vaches ou d'autres animaux.

Vivre dans la distance, dans un monde où la distance était une entité, et non pas une simple dimension — le ciel vaste, omniprésent, se faisant sentir davantage comme une créature que comme de l'espace — me travaillait, bien que je n'en fusse pas consciente, et commençait à opérer de profonds changements dans ma psyché de femme de la ville. Si je ressentais les tiraillements de quelque chose qui dépassait le respect et le plaisir en regardant la beauté qui m'entourait, je n'en pondérais pas la nature.

Je commençai à faire plus fréquemment des rêves d'une beauté étrange et convaincante. Je me réveillais le matin avec un souvenir clair de chaque détail. Ils me stupéfiaient et me remplissaient de respect. Je savais ne pouvoir simplement les oublier; j'étais certaine que chacun avait sa signification et qu'il était impératif de la découvrir. Peut-être ces rêves possédaient-ils la clé de mon désespoir grandissant.

Immédiatement après le rêve du hibou et de l'aigle, j'achetai un carnet pour noter mes rêves; toutefois, les entrées que j'y fis me semblèrent stupides et chimériques. Je ne savais pas ce que je cherchais, mais je savais que ce n'était pas cela. Je m'accrochais à des indices quand j'en trouvais; dans mes lectures, je consultais les références qui me semblaient pertinentes, et ces références me permirent d'en consulter d'autres. Je hantais les librairies lorsque j'étais en ville, fouillant les étagères à la recherche de je ne sais trop quoi. Mon obsession grandissant, certains livres semblaient m'appeler, des livres dont je ne savais rien. Si, sur une étagère encombrée, je voyais un livre devenir brillant et se séparer des autres devant mes yeux, je l'achetais, le ramenais à la maison et le lisais avec une absorption totale.

Je n'ai pas d'explications à donner sur la manière dont certains livres, dont je ne connaissais rien, attiraient mon attention, un peu comme des objets magiques dans les contes de fées, ou les gâteaux dans *Alice au pays des merveilles* qui portaient des étiquettes disant « Mange-moi ». Je me sentais aidée dans ma quête du Moi; je n'essayais pas de savoir par qui. On m'avait élevée à croire aux anges gardiens; cela ne me semblait pas impossible qu'une personne fût aidée dans sa quête si elle était honnête.

L'un de ces bouquins était *Journeys Out of the Body*, de Robert Munroe, que j'étais gênée d'acheter et que je lus avec scepticisme. *The Denial of Death*, l'ouvrage qui mérita le prix Pulitzer à Ernest Becker, se situait dans une catégorie différente, et pourtant je n'en avais jamais entendu parler jusqu'au jour où ce livre sembla s'imposer à moi dans une librairie. Je le considère désormais comme l'un des livres les plus importants que j'aie lus parce qu'il a clarifié et mis en perspective un monde nébuleux d'idées que j'entretenais sur la nature de l'humanité, que je n'avais jamais tenté de structurer, et encore moins de rassembler en un tout cohérent, mais qui faisaient maintenant partie des questions avec lesquelles je me débattais.

Un jour, au début de ma quête, je tombai sur trois gros bouquins cartonnés dans un bac de livres à rabais : *The Oxford Classical Dictionary*, The Golden Bough (*Le rameau d'or)* et un curieux ouvrage intitulé *Dictionary of All Scriptures and Myths*. Je pouvais à peine en croire mes yeux. Je n'aurais jamais pu me les permettre s'ils n'avaient pas été à rabais, et le fait qu'ils l'aient été à ce moment ne me semblait pas un accident, mais quelque chose qui ressemblait à une intervention divine. J'achetai les trois et les ramenai comme des trésors à la maison. Je me rappelle — il s'agit, me semble-t-il, d'une croyance soufie — le proverbe qui dit que lorsque l'élève est prêt, le maître arrive. Mon maître était ces livres.

Je les dévorai : de Jung à Joseph Campbell en passant par la Bible et *Bullfinch's Mythology*, de William James et Evelyn Underhill à Thomas Merton. Mes expériences dans la prairie avec leur nature mystique, la vie de mes rêves ainsi que mes ruminations sur mes lectures m'amenaient vers des livres sur le mysticisme. C'est ainsi que, selon ce qui me sembla être une progression naturelle, je commençai à lire sur le bouddhisme, le soufisme et le taoïsme.

Je pouvais à peine croire que j'avais passé neuf ans sur un campus universitaire sans frayer avec l'un de ces penseurs; je pouvais à peine imaginer que je m'étais crue instruite ou que j'avais cru savoir quoi que ce soit au sujet du monde. Je faisais mes tâches ménagères, j'allais me promener à cheval avec Peter, socialisais avec les voisines, faisais mes longues promenades quotidiennes à pied, alors que dans le silence, toute une nouvelle vie intellectuelle fleurissait en moi. Sans personne à qui parler de ces choses — alarmée à l'idée même de glisser mot à qui que ce soit de ce voyage remarquable et grave, je me tournai vers mon journal pour le consigner.

Je ne le voyais pas très bien à ce moment, mais j'avais entrepris une psychanalyse, avec moi-même comme thérapeute de mon âme, car à lire Jung avec l'intensité dont j'étais capable, je ne pouvais m'empêcher d'examiner ma propre histoire, celle de ma vie, que je commençais mentalement à écrire — et parfois à consigner dans mon journal. Je réalisais que jusqu'à ce que je comprenne ma propre vie, je ne comprendrais rien, et que je ne pouvais essayer de jeter les bases d'une nouvelle vie sans faire la lumière sur ma vie jusque-là.

Si je ne m'étais jamais représenté mon enfance comme idyllique, mes souvenirs conscients étaient tout de même ceux d'une famille unie, avec le compagnonnage constant, quoique pas toujours désiré, de mes quatre soeurs, de mes tantes et oncles, de mes douzaines de cousins et cousines, avec les pique-niques de famille, les réunions de Noël, celles des vacances d'été, des soirées passées à lire des livres à la maison et à écouter la radio (et plus tard la télé). Je commençai à réfléchir sur les aspects de mon enfance que j'avais toujours considérés comme peu importants dans un climat familial de chaleureuse proximité.

Je commençai à examiner mes suppositions sur moi-même, ma place dans ma famille, la manière dont ma famille avait agi sur moi pour que je devienne ce que j'étais. Je fis remonter à la surface des événements significatifs oubliés ou enfouis parce que trop douloureux. Je commençai à comprendre pourquoi, par exemple, certaines personnes avaient été particulièrement gentilles envers moi dans mon enfance, ce dont j'avais toujours été reconnaissante. Cependant, je n'avais jamais à l'époque considéré ce fait comme nécessitant une explication. Je réexaminai encore et encore ma relation jamais vraiment satisfaisante avec ma mère. Je m'assignai des exercices : quel était le plus ancien souvenir que je pouvais rappeler à ma mémoire?

En réponse à ces questions, je me rappelle un jour venteux, froid et sombre, un jour d'automne ou de printemps, dans le nord de la province, où j'avais grandi. Un adulte m'avait portée dans ses bras, puis déposée pour jouer dans les racines d'un vieux saule. J'étais emmitouflée dans des vêtements chauds et j'avais des jouets à côté de moi. En face, ma soeur aînée jouait dans les racines d'un autre saule avec ses jouets. Je me rappelle la scène depuis l'intérieur de la psyché d'une enfant de deux ou trois ans : tout était gris et vidé de ses couleurs, je pleurais fort, et le monde me semblait privé d'espoir, de joie et d'amour. Je ressentais une impuissance absolue. Ce sentiment n'était pas assez cohérent pour que je puisse aujourd'hui le qualifier de désespoir, et pourtant il m'avait complètement envahie.

Mon prochain souvenir d'enfance est très similaire : je ne pleure pas, mais la pièce où je suis avec mes père, mère et soeurs semble si froide, si dépourvue de chaleur humaine que la scène pourrait avoir été taillée dans de la glace.

Je n'ai aucune idée de ce qui se passait dans l'une ou l'autre scène, et il n'y a plus personne pour m'en informer. De toute manière, je n'ai pas d'indices qui me permettraient de situer un événement ou l'autre dans l'histoire familiale. Ces scènes appartiennent à une histoire émotive, la mienne. Je les enregistre seulement pour illustrer ce que je crois être ma tendance au désespoir; c'est que, dans ma psyché, la possibilité de désespoir, ayant été présente depuis mon enfance, est toujours très près de la surface, plus que, je crois, chez la majorité des gens. Profondément blessée par la rupture de mon premier mariage — qui a duré quatorze ans —, je n'ai guère besoin de nombreuses mauvaises expériences pour ramener ce désespoir à la surface.

J'avais commencé à chercher dans mon âme un fondement, quelque chose qui serait moi, réellement moi, de manière que je puisse me reconstruire à partir de cette base, me refaçonner en une personne. Je commençai à voir que je n'avais jamais été *moi*, que j'avais passé ma vie à être ce que les autres voulaient que je sois et, par conséquent, ne m'étant jamais rebellée, n'ayant jamais dit non à personne, je n'avais pas de *moi*; ou peut-être le moi que j'utilisais, et qui n'était pas le vrai, était-il parfaitement instable, facilement ébranlé, voire détruit. Je me débattais avec les moyens du bord — la lecture, l'écriture, la réflexion pendant mes longues marches solitaires dans la prairie — pour dénicher des indices sur la façon de m'embarquer dans ce monumental travail d'autocréation.

Je continuais à lire, cherchant une manière de vivre qui me permettrait de m'ancrer, ou qui m'offrirait un phare pour me guider. Je lisais Saint-Jean-de-la-Croix — celui de la nuit noire de l'âme — jusqu'à ce que, consternée, puis fâchée, je lance le livre au bout de mes bras. Ses idées étaient valables si vous étiez un moine — et qui serait si mal avisé qu'il veuille devenir un moine? —, mais j'étais fille, soeur, épouse et mère. Mon monde était enraciné dans mon corps; nier mon corps, comme il le suggérait, c'était comme mourir, et si cela avait du sens pour un homme, cela n'en avait certainement aucun pour moi — cela me semblait même honteux —, car pourquoi Dieu nous avait-il fait don de cette vie terrestre et d'un monde infiniment beau dans lequel vivre s'il ne voulait pas que nous utilisions notre corps pour en jouir? Les mystiques chrétiennes me semblaient être victimes d'illusions; la langue imprégnée de sexualité dans laquelle elles écrivaient leur amour de Dieu me jetait dans l'embarras.

Les bouddhistes zen finirent également par m'exaspérer. Je les trouvais infatués de leur propre rhétorique et de leurs histoires bêtes; la complexité même avec laquelle ils choisissaient de présenter ce qui me semblait être des idées simples me frappa comme étant typiquement masculine; leur humilité même était remplie de mâle arrogance. Plus je les lisais, plus je les sentais coupés des besoins simples de la femme moyenne, qui essaie de trouver une manière de vivre sa vie selon les structures sociales données et parmi d'autres personnes ordinaires.

J'avais abordé cette nouvelle vie à la campagne puis cette période d'angoisse armée d'un seul principe. Je m'y accrochais autant que je le pouvais : personne ne me dirait plus quoi penser. Si je devais être ballotée sur une mer d'incompréhension et d'idées fausses, j'avais décidé, arrivée à la quarantaine, que du moins ces idées seraient les miennes. Je n'accepterais plus jamais le mot de quelqu'un sur quoi que ce soit ayant trait à ma vie à moins que, l'ayant examiné sous tous les angles, l'ayant confronté à ce que ressentaient mon coeur, mes entrailles, ma tête, j'apprenne qu'il correspondait à mes propres sentiments, à ma vision de la vie et à mes expériences. Personne d'autre que moi ne déterminerait ce que mes propres expériences avaient été. J'avais peut-être tort, mais sur quel standard se basait-on pour me le dire? Si j'étais absolument, impitoyablement honnête avec moi-même, si je me dépouillais de tout apitoiement sur mon propre sort, si j'examinais toutes les preuves que je pouvais repérer, puis en concluais quelque chose — même si c'était que je ne pouvais rien conclure —, alors cette conclusion serait la pierre d'angle de ma vie. La possibilité d'erreurs m'était évidente, mais en y réfléchissant, je savais que telle était la nature humaine. Si j'avais tort, alors les autres aussi avaient tort. On ne peut qu'accomplir ce que l'on est capable d'accomplir, et je donnais ma vie, mon corps, mon intellect à l'effort. J'acceptais la responsabilité de commettre davantage d'erreurs parce que désormais elles seraient les miennes.

Ironiquement, plus je trouvais de sens à mes idées tronquées, incohérentes ou fortuites à propos de la vie, plus j'arrivais à les insérer dans le contexte des idées acceptées sur ce sujet, les Grandes Idées, plus je désespérais, parce que j'étais seule et luttais pour me comprendre.

Un matin, après sept années passées à la campagne, je me réveillai avec le souvenir d'avoir fait un étrange rêve. Je ne pouvais me rappeler ce qui était arrivé avant ou après; tout ce que je pouvais me rappeler était un mot clairement imprimé sur le ciel pâle de mon rêve : *anomie*.

Je n'avais pas idée de ce que le mot signifiait; je n'étais même pas certaine que ce fût un mot. Mais dans le rêve et au moment de me réveiller, je fus remplie d'une solitude si pénétrante, d'un froid et d'un vide si absolus que mon âme en fut frigorifiée.

Je me dis, avec l'inflexible détermination qui était la mienne : si je l'ai rêvé, c'est que je dois savoir ce que mon rêve signifie. Au ranch, il n'y avait qu'un dictionnaire utilisé à l'école primaire. Le mot n'y était pas. À la ferme fourragère, j'avais un vieux dictionnaire pour collégiens *Funk & Wagnall*. Le mot n'y était pas non plus. Je me mis à réfléchir, car il me semblait de plus en plus connaître ce mot. Je croyais me rappeler que c'était un terme technique utilisé en sociologie, car mon premier mari avait fait ses études de deuxième cycle dans ce domaine. Peu à peu, au cours de la semaine suivante, le souvenir m'en revint : le mot signifiait une profonde aliénation vis-à-vis la culture environnante. Ce n'étaient pas vraiment des nouvelles pour moi. Mais durant mes heures d'éveil, j'essayai de lutter de toutes mes forces contre ce savoir, le gardant enfoui de façon à ne pas ressentir le désespoir de ma situation. J'étais maintenant effrayée par l'insoutenable profondeur de la tristesse et de la solitude qui avaient été ramenées à la surface par mon rêve, et que je ne pouvais plus nier.

Je ressentais une douleur constante, le tumulte rugissait en moi. J'avais attendu le moment où je me réveillerais et lorsqu'il arriva, lentement — pas en un éclair comme la plupart des penseurs le prétendent —, c'était pire. Je croyais alors qu'il ne me restait plus qu'à mourir, parce que sans illusions, non seulement la vie me paraissait insoutenable, mais elle me paraissait également sans but, laide et désolée.

Je me sentais près d'imploser en raison de cette incessante, bouillonnante activité mentale, une course effrénée sans exutoire; j'avais commencé à me parler à voix haute. Si on m'avait entendu, on m'aurait crue folle, mais ce monologue m'épargna un pire sort : crier à pleins poumons sous le ciel ou me frapper la tête sur les poteaux de clôture.

La maison était vide et tranquille. Je mettais parfois des disques et dansais comme je l'avais fait dans les clubs et aux fêtes avec mes vieux amis The Pointer Sisters, Janis Joplin, Bette Midler, *When a Man Loves a Woman*, Carly Simon, James

Taylor, Steevie Wonder, ainsi que The Mamas and the Papas avec *Dancing in the Streets*. C'était un mince réconfort; ce n'était rien du tout.

Je ne me tournai pas vers Peter. C'était mon propre combat, trop intimement mien pour que je me tourne vers qui que ce soit. Si j'avais été en ville, j'aurais peut-être cherché un analyste, mais je n'y étais pas, et je savais que c'était une tâche qu'il me fallait terminer moi-même, à ma manière et selon mes propres termes. Ce n'était pas une épreuve par laquelle Peter était déjà passé; je soupçonnais que si je lui révélais ma situation, il ne comprendrait pas, sa vie étant limpide, satisfaisante et insouciante. J'étais peut-être un peu honteuse de ma douleur, au milieu de la pleine, bonne vie que j'avais eu la chance de trouver; mais je n'étais pas satisfaite de cette vie parce que j'étais un être humain plein d'insuffisances.

Jour après jour, tant que la température le permettait et que j'étais bien, je parcourais à pied les routes et les champs, cherchant des indices dans le murmure du vent parmi les herbes et dans les couches infinies du ciel. Des éperviers, des aigles, des spermophiles, des petits serpents à sonnettes, des coyotes courant le long de la ligne de démarcation entre ciel et terre, la carpe de rivière glissant avec une aise pleine d'énergie libérée, le castor et le rat musqué — j'attendais qu'ils me parlent; j'attendais des signes, des indices, des explications, mais j'attendais surtout d'être consolée.

Durant cette période, je ne songeai jamais à quitter la campagne, ou plutôt considérai cette idée chaque seconde de chaque jour, et trouvai toujours ce départ inimaginable. Retourner à mon ancienne vie était impossible, mais regarder autour de moi et me dire : « Voici ma maison, jusqu'à ce que je meure », était tout aussi inimaginable.

Et pourtant, au milieu de cette agitation et de cette misère, j'écrivais des romans et des nouvelles qui portaient la marque de ma lutte personnelle, et qui, à leur tour, me marquaient, à mesure que je tentais de donner forme à mes expériences de manière à pouvoir les écrire. Et si je partais à pied chaque jour pour étudier le paysage, le temps, les animaux, essayant de les intégrer à un schéma viable, j'apprenais également à connaître la nature et ainsi, la vie rurale.

LA SUBTILITÉ DE LA TERRE

Quelques années plus tard, désormais auteure reconnue, je répondis à un journaliste qui m'avait posé une question sur mon mari : « Mon mari est un vrai homme de la campagne.

– Qu'est-ce que cela signifie? demanda le reporter, sa voix pleine de doute.
– Cela signifie, dis-je, qu'il comprend le monde en termes de choses de la nature. »

J'étais un peu surprise de ma propre réponse, mais on m'avait demandé d'expliquer quelque chose qui, jusque-là, m'avait semblé évident et, prise au dépourvu, j'avais touché au coeur du problème.

Le crayon du reporter s'arrêta, ses yeux me quittèrent, il sembla réfléchir, puis revenant à moi, sans rien écrire, il changea de sujet. Lorsque je racontai cet épisode à un ami écrivain naturaliste, il affirma en riant que pour le reporter ma réponse n'était pas logique.

Une personne de la campagne est née et élevée sur la terre, hors de la ville et isolée des foules. Cette donnée fondamentale implique qu'une telle expérience de vie doive résulter en une compréhension du monde intrinsèquement différente de celle de quelqu'un élevé dans le ciment, l'asphalte, le verre et parmi les foules de la ville. La pensée de Peter se distinguait de la mienne à un point tel que les différences de sexes et de styles de vie ne pouvaient l'expliquer. Mon éducation m'avait donné à voir la nature humaine par le biais de Freud et de la psychologie populaire, le fonctionnement du monde par des cours en économie politique et en histoire; j'avais une éducation formelle alors que le point de départ de l'éducation de Peter était qu'il avait vécu toute sa vie au sein de la nature.

Les années passées sur le ranch s'accumulant, j'apprenais de la nature, de ma vie dans la nature : je commençais à avoir un aperçu du monde tel que Peter le voyait. Lorsque cela se produisit, une nouvelle compréhension de la nature comme maître commença à se faire jour en moi. Je voyais qu'il pouvait y avoir davantage à comprendre dans la manière dont le monde tourne que ce que j'en avais soupçonné. Je pensais au départ que cela avait à voir avec la surface, avec des choses simples comme de comprendre suffisamment le comportement du bétail pour prévoir ses agissements, connaître les habitudes des antilopes, lire le ciel avec précision. Je n'avais encore aucune idée de ce que cette connaissance approfondie pouvait signifier, mais j'observais Peter de près et essayais de voir ce qu'il voyait.

Pendant qu'il assurait l'irrigation printanière à la ferme fourragère, il lui arrivait de rencontrer des faons nés quelques jours plus tôt dans le foin où ils avaient été laissés pendant que leur mère cherchait de la nourriture. Plus d'une fois, il était venu me trouver à la maison pour que je voie la petite créature tachetée.

« Regarde, disait Peter, ils sont si jeunes qu'ils ne s'éloignent même pas lorsqu'on s'approche. » Puis il se penchait, prenait le faon confiant dans ses bras, le transportait à la digue recouverte d'herbe, et le plaçait là où l'eau de l'irrigation ne pourrait l'atteindre. Je m'inquiétais de ce que la mère pourrait ne pas arriver à trouver le bébé, mais Peter me disait, avec une confiance née de l'expérience : « Ne t'inquiète pas. Cela ne lui prendra pas une minute pour le trouver. » Lorsque nous revenions des heures plus tard, le faon était toujours parti. Ces incidents et d'autres me rappelaient encore et encore que Peter et les gens vivant en milieu rural, ne connaissant que ce paysage, avaient formé leur idée vis-à-vis la prairie et le temps qu'il y fait, ses motifs de croissance et les moeurs de ses animaux, car ils avaient passé toute une vie immergés dans ce milieu.

Dans mes lectures et parfois au cours de mes conversations avec des visiteurs de la ville, je prends contact avec des gens qui disent clairement ou qui impliquent que les gens des milieux ruraux ne remarquent pas ou n'apprécient pas la beauté dans laquelle ils vivent. Bien que je me garde de le dire, l'arrogance et l'ignorance de telles remarques me fâchent toujours, parce qu'elles impliquent qu'il manque aux gens de la campagne une certaine humanité, qu'ils sont en quelque sorte une branche inférieure de l'espèce humaine, et que l'appréciation de la beauté n'est pas dans leurs cordes. C'est une chose d'être un citadin dépassé par la beauté de la nature, c'en est une autre d'y avoir vécu si longtemps qu'elle s'est infiltrée dans votre moelle et votre sang, qu'elle devient inséparable de votre être, et de ce fait ne requiert ni mentions ni éloges.

Peter préférait faire la conduite printanière et automnale des animaux à dos de cheval, un trajet de trois jours. Ramener le bétail dans la vallée autour de Noël pouvait être exigeant, et c'était souvent difficile d'obtenir de l'aide, alors nous nous retrouvions souvent seulement trois à faire le trajet. Trois jours dans la prairie lors d'un printemps doux était le paradis; nous n'avions alors jamais de difficultés à réunir suffisamment de cavaliers. Le trajet de printemps était une joie, et en particulier les huit à dix milles de prairie indigène, dépourvue de routes, que nous traversions.

Dès la première fois que Peter m'avait emmenée dans cette prairie s'étendant sur des milles, j'avais su que j'aimerais être loin des villes, et même des maisons, sur la prairie basse indigène pleine de nids d'oiseaux au printemps, de lièvres aussi gros que de petits chiens, d'antilopes au loin, et de coyotes. Les coyotes nous suivaient souvent de leurs chants.

Bien sûr, à moins que la femme du rancher ne soit une véritable cowgirl, lorsqu'il s'agit de déplacer le bétail, et particulièrement lorsque des fils adolescents sont sur place, elle doit se replier sur la conduite du camion. Le rancher est celui qui possède les habiletés de gestion du troupeau et les connaissances de la route. En tant que patron et propriétaire, il se doit d'être à cheval. S'il y a des adolescents, on s'attend à ce qu'ils fassent la conduite à dos de cheval pour apprendre le métier, une priorité sur les ranchs de la Saskatchewan, et parce que c'est si agréable que personne ne veut les priver d'un plaisir innocent.

La femme du rancher prépare les repas, qu'elle dépose dans le camion, puis qu'elle sert au moment opportun; c'est également elle qui remballe la nourriture et apporte l'eau potable et le café, qui garde les coupe-vent supplémentaires ou ceux qui ont été enlevés en raison de la chaleur grandissante. Elle transporte des articles de sellerie, des pinces pour réparer les clôtures ainsi que d'autres outils. Parfois, si le groupe arrive juste avant qu'une vache vêle, son nouveau-né sera transporté dans la boîte du camion; s'il y en a plusieurs, ils seront identifiés — parfois avec des ficelles de couleur autour du cou — pour être retournés à leur mère à des intervalles de quelques heures. Si la conduite se prolonge, des adolescents épuisés accompagneront la femme du rancher dans la cabine du camion, pendant que leurs chevaux seront soit conduits en camion ou dirigés par l'un des hommes depuis son cheval. En général, à un moment donné, on prendra pitié de la femme du rancher et on la libérera de ses obligations pour lui donner l'occasion de faire une randonnée en cheval à l'air frais.

Lorsque l'on conduit du bétail, on se déplace, selon la température, au rythme lent d'environ deux milles à l'heure.

Pendant de longues périodes, on ne ressent pas le besoin de parler, et l'on peut être à une distance d'un mille des autres cavaliers si cela nous chante. On s'imprègne de la prairie pendant la conduite. Je n'ai jamais tiré de joie aussi pure, aussi franche de ma simple existence que lorsque j'étais dans la prairie pendant le trajet de printemps.

Habituellement, je ne pouvais aller à cheval que lorsque nous approchions de la maison et que nos aides s'en retournaient chez eux. Mais Peter et moi avions changé nos quartiers généraux de la ferme fourragère à la maison du ranch, et ainsi nous pouvions nous rendre à cheval jusqu'au troupeau pour le ramener à la maison. De temps à autre, Peter avait pour compagnon quelqu'un qui conduisait le camion pour que je puisse aller à cheval. Mais la plupart du temps, je conduisais le camion à contrecoeur et me croisais les doigts en espérant aller à cheval ou, comme il m'arrivait parfois, marcher avec le cheval de Peter — il m'était impensable de le monter, j'en avais l'estomac retourné et les genoux qui tremblaient rien qu'à y songer ; Peter me remplaçait alors comme conducteur du camion.

De nos jours, nos vaches mettent bas à la ferme fourragère plutôt qu'au ranch, principalement parce que c'est plus facile de garder un oeil sur les vaches, mais également parce que la ferme offre un abri durant les inévitables tempêtes de printemps qui tuent des veaux. Souvent aussi durant le printemps, l'eau dans les fossés et les champs se fait rare, et, bien sûr, le bétail doit boire chaque jour, déplacement ou non. Si nous laissons les vaches vêler à la ferme fourragère — Peter ne croit pas en la vertu du vêlage hâtif — au moment où nous sommes prêts à partir (fin avril), la plupart des fermiers ont déjà fait leur ensemencement. La méfiance régnant traditionnellent entre les fermiers et les ranchers, il serait dangereux de laisser une vache s'éloigner des emprises réservées, celles que les fermiers, habituellement sans se préoccuper d'obtenir la permission de la municipalité, n'ont pas encore retournées et ensemencées de blé. Les vaches étant ce qu'elles sont, on ne peut prédire quand l'une d'elle se mettra en tête de courir en direction de l'Alaska ou du Mexique à travers un champ récemment ensemencé, son veau à ses côtés et quelques cow-boys à ses trousses. Autrefois, on sortait le fusil en ces occasions. Aujourd'hui, on considère que cela n'en vaut pas la peine.

Durant l'un des derniers trajets que nous avons accomplis, Peter avait eu plus d'aide qu'il ne l'avait prévu, et avant d'être rendu très loin, il avait laissé l'un des adolescents monter mon cheval, dont il tenait les rênes. Peu après, il avait prêté ma selle — la seule possédant des étriers rétractables pour les petites personnes — à un autre adolescent. Je m'étais réconciliée avec le fait que je pourrais ne pas monter un cheval cette fois-là. Je pouvais toujours regarder le paysage, baisser ma vitre et sentir la brise et le soleil sur mon visage; je pourrais même m'arrêter à l'occasion et sortir me promener dans l'herbe.

Nous avions toujours pour principe de nous arrêter pour un repas une fois atteinte cette étendue de prairie indigène. Les cavaliers démontaient et entravaient leurs chevaux ou les attachaient à la clôture; je stationnais le camion, Peter jetait quelques ballots de foin au sol en guise de table ou de sièges, et je sortais le goûter. Nous restions assis au soleil à manger des sandwiches, les fèves au lard de sa mère, le pot de fèves ayant été emballé dans des épaisseurs de papier journal pour le garder chaud, et nous buvions le café des thermos. Bien avant notre arrivée, j'anticipais ce moment.

Je découvris ce que cette journée passée à traverser des hectares de prairie signifiait pour moi lorsque, au moment où nous devions entamer cette partie du voyage, une circonstance — je ne me rappelle plus les détails — fit que l'un de nous dut conduire un des hommes pendant les vingt milles que couvraient les champs et les routes, et attendre avec lui au corral les cavaliers et le bétail. Comme personne ne s'était porté volontaire et que Peter pouvait difficilement forcer quelqu'un à le faire, il allait de soi que ce serait moi, sa femme, qui accompagnerait cet homme là où il devait aller.

Je voulais protester, mais n'arrivais pas à le faire devant tant de gens, particulièrement parce qu'argumenter et se plaindre n'étaient pas des choses à faire durant ce genre de voyage. Ce serait un peu comme un matelot qui dirait à son capitaine qu'il n'a pas vraiment envie de monter la garde ce soir-là. Mes réels sentiments étaient trop intimes pour les épancher, et je n'arrivais pas à trouver une raison pratique pour le faire qui n'aurait pas l'air d'une pique d'adolescente ou, ne sachant pas ce que les autres ressentaient au sujet de la prairie — mais le fait que personne ne s'était porté volontaire suggérait une réponse —, je n'étais pas certaine que quiconque puisse comprendre, excepté Peter. En outre, tous les autres étaient bénévoles; je faisais partie du personnel officiel. J'avais également conscience que je ne pourrais revenir sur mes pas et rattraper les autres. Pour moi, cette année-là, la conduite était terminée.

Je retournai au camion et commençai à conduire, essayant de sourire, de faire la conversation, pendant que je retenais mes larmes. Je voulais tant passer ces quelques dernières heures dans la prairie — c'était le seul moment où nous traversions ces champs — que je ressentis une douleur à la poitrine en m'éloignant, une douleur qui dura jusqu'à ce que je me couche ce soir-là.

Bien après, je commentai l'incident à une amie : « Si tout arrive pour que nous apprenions quelque chose, pourquoi ce plaisir m'a-t-il été enlevé? », ce à quoi je me répondis : Pour que j'apprenne à quel point la prairie indigène m'importe. Des années plus tard, je pourrais ajouter : pour comprendre à quel point elle m'était précieuse et unique, à quel point elle affectait une personne, changeant même sa compréhension de la vie.

Parfois je crois que je n'ai toujours pas surmonté cette perte. Particulièrement parce que, pendant les bonnes années qui avaient suivi, des fermiers achetèrent toute la terre sur laquelle le reste du groupe avait voyagé à cheval ce jour-là et la retournèrent pour la cultiver. Maintenant, dix ans plus tard, la ferme est en train de faire faillite, mais on ne peut retransformer en une prairie vierge une prairie basse indigène qui a été labourée. Cette prairie n'existera plus jamais, du moins pendant la durée d'une vie humaine — ce qui peut tout aussi bien signifier jamais —, ni la faune qui l'habitait.

Avec les années, je sentais de plus en plus que mon grand réconfort était d'être dans le paysage. J'étais vaguement curieuse de la manière dont la prairie avait été formée, dont elle évoluait, ne partageant pourtant aucun des intérêts des écologistes ou des environnementalistes. Je ne faisais que considérer la prairie comme un être humain, la savourant pour sa beauté qui sollicitait tous les sens, qui procurait un sentiment de bien-être, de contentement, et même de joie.

Mon approche était de me promener sans destination en vue, de m'étendre au soleil, d'enfouir mon nez dans les herbes odorantes comme la sauge, d'admirer les couleurs et les textures des carex, des arbustes et des plantes succulentes qui constituent les prairies d'herbes mixtes, ou de m'asseoir sur une pente qui donnait sur des milles de prairies, à perte de vue, y observant le jeu des ombres et de la lumière, ne pensant à rien que je me rappellerais un moment plus tard. Je n'étais là que pour profiter de la prairie. Je ne demandais rien d'autre, ne croyant pas qu'il y eût quoi que ce soit d'autre.

Je n'avais qu'un intérêt très superficiel pour les noms des plantes, bien que la mère de Peter m'eût enseigné les appellations de celles qui fleurissent : la mauve des Prairies, la benoîte à trois fleurs, la primevère du soir, la *golden bean*, qu'elle appelait « fève à bison », plante qu'une femme me dit connaître sous le nom de pois de senteur sauvage. Je pouvais difficilement manquer la rose sauvage ou le tournesol de la prairie, et j'en connaissais quelques autres, comme la réglisse sauvage, le liseron des champs, les anémones qui poussent sur les bords des rivières, depuis mon enfance dans le nord de la province. Peter m'apprit à identifier la sarcobate vermiculée, la symphorine de l'Ouest, et les courants-verts, et me fit distinguer les deux espèces de cactus indigènes : la figue de Barbarie et la cardère — et plus tard j'appris d'une rancher et poète que si on avait la patience de cueillir ces baies, on pouvait confectionner de la confiture de baies de cactus. J'appris par moi-même à identifier certaines espèces : la potentille, le laiteron ou asclépiade, le chardon avec sa fleur violette qu'un cheval de selle — « Regarde ça », m'avait dit Peter — avait l'habitude de couper minutieusement avec ses dents, n'ayant jamais touché une épine. J'avais la nostalgie des champs de lys sauvages comme il y en avait dans le nord de mon enfance, mais je n'avais jamais vu un seul lys dans les herbes de la prairie.

Parce que nous avions une ferme fourragère, j'avais appris à identifier plusieurs types d'herbes — la phléole des prés, le brome, le vulpin — et de légumineuses — le trèfle, la luzerne — que je voyais tous les jours, et dont certaines étaient des espèces importées : le chiendent à crête[6], l'élyme de Russie, et plusieurs autres, comme l'alpiste roseau, qui étaient très belles. J'assistai à des séminaires de trois jours sur la prairie, l'un dans les montagnes Bear Paws du Montana, mais je le fis principalement pour l'aventure et pour passer une journée entière dans la prairie, plutôt que quelques heures. À ces séminaires, j'appris à reconnaître le zygadène vénéneux lorsque je le voyais, et quelques-unes des nombreuses espèces indigènes d'herbes — la

[6]NdlT : aussi appelé agropyre à crête.

stipe comateuse, le pâturin des prés, le boutelou gracieux, ou herbe à bisons, ainsi que quelques autres types d'herbes.

Les autres saisons apportaient des plaisirs différents. Tout au long d'un hiver neigeux, je franchissais chaque matin le mille qui me séparait de la rivière, le chien me devançant de son trot, et je poussais les bêtes à s'éloigner des berges ou du fond de la dernière courbe où la clôture traversait et les coinçait, puis je les chassais jusqu'à l'endroit où Peter et son homme de main lançaient du foin, des balles de blé et du blé. Pendant deux hivers, la neige profonde assourdissait les sons à tel point que le bétail, qui avait cherché abri dans ces endroits, n'entendait pas le tracteur et, par conséquent, ne venait pas se nourrir. Parfois, quand j'y repense, je crois que Peter venait me chercher chaque matin pour cette promenade afin de me faire sentir utile, de me faire sentir que je faisais partie de l'équipe; il devait se dire que si je passais la journée à l'intérieur de cette minuscule maison en rondins, l'isolement me rendrait désorientée, je finirais par souffrir d'un traumatisme de réclusion et je deviendrais impossible à vivre, ou je partirais.

Je me rappelle ces promenades, le matin, comme étant parmi les meilleurs moments de ma vie. Je descendais vers le lit de la rivière, suivant les traces du bétail là où la neige était trop profonde pour y marcher. Les berges de la rivière étaient élevées et escarpées, et la neige s'était amassée en profondes congères qui surplombaient les falaises en lèvres dodues qui ressemblaient à des vagues sur l'océan, et desquelles pendaient parfois de longs glaçons. Depuis le lit enneigé de la rivière, je voyais de blancs murs de neige, puis des flots de neige, et au-delà, le ciel resplendissant. J'apercevais les endroits où les perdrix se blottissaient pour se garder au chaud pendant la nuit, et je suivais la trace de coyotes, de renards et d'animaux que je ne pouvais identifier. J'emmagasinais des connaissances presque sans m'en rendre compte. Un jour, courant pour barrer la retraite à une vache, je m'affalai de tout mon long dans la neige et, sans témoin, y restai à rire, à clignoter des yeux devant le ciel, me perdant dans sa profondeur bleutée.

Pour la plupart des gens, pire est la température, plus ils sont susceptibles de demeurer à l'intérieur; toutefois ce n'est pas le cas pour les ranchers traditionnels, car pire est la température, plus le rancher est susceptible d'être dehors, au milieu de blizzards à la recherche de bêtes dans la prairie, les dirigeant vers les abris des coulées profondes, ou vers les brise-vent ou les corrals. Au cours de telles journées, je partais avec Peter et apprenais de nouveau que les limites de l'endurance humaine sont bien plus étendues que la vie quotidienne nous le laisse penser; je finis par avoir moins peur de la température et en devins plus respectueuse.

L'un des premiers cadeaux de Noël que Peter m'avait donné était une paire de skis de randonnée, et tant qu'il y avait de la neige — ce qui était assez rare dans ce pays désertique —, je skiais dans la prairie. Je commençai à fréquenter les collines durant les tempêtes, ayant découvert que j'aimais les tempêtes parce qu'elles changeaient l'apparence des endroits familiers et parce qu'elles les revêtaient de mystère.

Des souvenirs de mon enfance me revinrent alors : je jouais dans les bois avec mes amies, avec mes soeurs et mes cousins dans le jardin de ma grand-mère; l'hiver, nous patinions sur les étangs gelés jusqu'à ce que la douleur causée par le froid devînt si aiguë que, n'en pouvant plus, nous nous en retournions à la maison. Un hiver, nous avions construit un fort de neige qui dura des mois, car nous y ajoutions de la neige au fur et à mesure, le rendant de plus en plus substantiel, de telle façon qu'il résista jusqu'au printemps avancé. Je me sentais de nouveau comme une enfant en me souvenant à quel point le monde avait paru merveilleux à cette époque, et quel bonheur c'était d'avoir quelqu'un qui s'occupe de nous, d'être dépourvue de soucis, et de vivre dans son corps, pas seulement dans sa tête.

Et, en tant qu'écrivaine, je me recréais. J'étais méditative de nature, une qualité qui s'était développée parce que j'étais une enfant timide et réservée de famille nombreuse, mais mes dons d'observatrice en herbe m'avaient également profité. Je me trouvais chanceuse d'être arrivée, étrangère dans un pays étrange, avec un oeil d'observatrice déjà exercé.

Je me retrouvai à observer les gens mêmes avec qui je semblais avoir si peu en commun. Je considérais ceux de ma nouvelle communauté comme étant différents de ceux du reste de la province, et je fus surprise de découvrir qu'eux-mêmes semblaient se définir comme différents. Bien qu'aucun d'eux ne l'eût mentionné explicitement, ils avaient des liens plus étroits, autant en termes de styles de vie que de relations familiales, avec l'Alberta et le Montana qu'avec la Saskatchewan. Plusieurs des familles avaient été américaines et possédaient de la parenté sur les fermes et les ranchs de l'autre côté de la frontière et en Alberta, et lorsque les jeunes partaient poursuivre leurs études à l'université, dans des collèges techniques, ou à la recherche d'un emploi, ils allaient beaucoup plus fréquemment en Alberta qu'à Saskatoon ou même à Regina. En tant que groupe, ils semblaient penser davantage comme des Américains de l'Ouest ou des Albertains, avec leur mentalité plus conservatrice, individualiste, que comme les tenants de la bonne vieille école de pensée socialiste des prairies de Tommy Douglas, à laquelle j'appartenais, et qui m'avait toujours semblé définir la Saskatchewan.

Je découvris bientôt, dans ma tentative de raconter l'histoire des gens et de cet endroit, que mon fonds de faits, de connaissances précises, était inadéquat pour la tâche que je m'étais attribuée. Chaque histoire, chaque livre, chaque pièce de théâtre devenait alors un exercice de cueillette d'information.

Lorsque Peter ne pouvait répondre à mes questions, je me tournais vers les livres. Peter m'emmena rendre visite à des gens âgés, des vieux qui avaient été des pionniers dans la région; j'écoutais leurs histoires et prenais des notes, et, lorsque c'était possible — c'est-à-dire presque jamais —, j'essayais de faire correspondre leurs souvenirs avec la rare histoire locale écrite que je pouvais trouver.

J'apportais partout un carnet de notes. Ramenant les vaches à la maison par une journée d'un froid glacial, j'arrêtais le camion, sortais, dessinais un petit diagramme du bétail ou de la manière dont un animal avait dépouillé un buisson de sauge de son manteau de neige, j'écrivais une description du buisson, de la neige, des crottes que l'animal avait laissées, des couleurs présentes et de l'endroit où le soleil était dans le ciel ce jour-là, à cette heure précise. J'avais écrit les toutes dernières pages de *The Gates of the Sun* assise sur une balle de foin derrière la camionnette dans le champ d'un voisin en attendant que Peter finisse de mettre la paille en balles, ne cessant mon gribouillage que pour poser des questions à Peter et au voisin — lorsqu'ils s'arrêtaient pour un café — sur les espèces indigènes, qu'elles soient oiseaux, animaux ou plantes. J'étais toujours étonnée de la profondeur des connaissances des hommes.

Avec chaque histoire et chaque livre que j'écrivais, je me voyais forcée de chercher de l'information nouvelle. Mon fonds d'information, de faits, obtenu de toutes ces façons — mes propres observations, les réponses de Peter à mes questions incessantes, les histoires de vieilles gens ou d'ouvrages — grandissait. Sans en avoir vraiment l'intention, j'étais bien informée sur l'histoire de la région, la vie de ses plantes et animaux. Je ne savais pas tout ce qu'il y avait à savoir sur la région — je ne le saurais jamais; Peter en connaissait mille fois plus que moi —, mais ayant d'abord été transportée par sa beauté, puis dépassée par mon sentiment de solitude et parce que ma vie n'avait pas de but, je commençais enfin à me sentir chez moi dans le paysage. Je ne voyais pas cela se produire sur le coup, mais en apprenant à nommer les choses dans mon nouvel environnement, en découvrant la combinaison des parties en relation, je les faisais miennes et, ce faisant, je me guérissais lentement.

Des années plus tard, alors que j'étais devenue l'experte, une amie et moi sortîment marcher sous la pluie. Dans ce coin de pays semi-aride où la pluie est rare et précieuse, marcher sous la pluie est une activié grisante, auréolée de magie. Nous arrivâmes à un endroit où un couple de grands ducs nous regardait, et mon amie et moi nous approchâmes pour mieux les voir; je m'assis dans l'herbe avec mes bottes qui prenaient l'eau et un imper jaune emprunté qui m'allait aux genoux; ne me préoccupant pas d'être mouillée, je regardai au loin dans les champs brumeux, remarquant que tout avait une odeur différente en raison de l'humidité, et que les couleurs étaient devenues plus intenses.

Je pensais à notre promenade sur le sol mouillé, aux endroits où nous étions allées, ce que nous avions trouvé à faire, et soudain, je réalisai que c'était la terre — la nature — qui avait guidé nos pas, fait les choix pour nous, et pas le contraire. Parce que nous étions des amies en randonnée dans la campagne pour le plaisir de notre mutuelle compagnie et celui d'être dehors, n'ayant pas de plan ou de but, nous étions allées là où la forme du terrain s'était imposée à nous; nous avions fait ce que la terre nous avait offert. Si c'était trop boueux ou mouillé à un endroit, nous allions ailleurs; si une colline était trop abrupte, nous la contournions; il n'y avait aucune autre manière de traverser la rivière que de nager, et comme il faisait trop froid, nous suivîmes son cours et nous assîmes sur ses berges.

Je dis : « Cette terre fait des Cris de nous tous. » Je voulais dire qu'il m'apparaissait que les Cris avaient développé leur culture parce qu'elle était la meilleure adaptation de leur peuple à la terre. Et c'était la terre qui leur avait montré cela. Ils s'étaient adaptés à la terre, plutôt que le contraire, — comme nous, Européens, l'avions si stupidement fait, essayant d'imposer à cette aride terre de l'Ouest l'ambition d'être — c'est ce que la propagande gouvernementale avait pendant plus de soixante-quinze ans soutenu — « le grenier du monde ».

Je commençai à réfléchir à la manière dont la terre affecte les individus, ou du moins ce paysage particulier, les grandes plaines d'Amérique du Nord. Je commençai à me rendre compte que dans notre humaine arrogance nous avions cru pouvoir affecter la terre sans qu'elle nous affecte — sauf en des cas concrets comme des ouragans, des déluges, des sécheresses —, alors que la terre, la nature, nous affecte de diverses manières sans que nous en soyons conscients. En considérant les différences entre Peter et moi, je n'avais pas imaginé la possibilité qu'il pût être formé par la terre, par la nature. De plusieurs façons subtiles que nous n'avions jamais identifiées et dont nous n'avions pas discuté, sa psyché avait été formée par la nature, non seulement par son observation de la nature, mais également par l'influence subtile — jamais décrite — de la nature sur lui.

Le paysage des grandes plaines est élémentaire. On y trouve peu d'eau douce sous forme de lacs, de rivières ou d'étangs, pas de forêts, pas de montagnes — seulement des milles et des milles de terre et un ciel où le temps passe, visible et majestueux. Un visiteur venu en hiver nous avoua que l'endroit lui rappelait le grand Nord, où il avait déjà vécu; pour plusieurs autres, y compris Wallace Stegner, l'endroit rappelait les plaines d'Afrique. Le paysage est si vaste que notre imagination ne peut le contenir, et le climat, de façon concomitante, est arbitraire et rigoureux.

C'est la géologie à l'état brut, qui ne laisse qu'un vaste ciel et une terre étirée en longs rubans se mêlant à l'horizon éloigné en une ligne si claire et si précise qu'elle devient parfois irréelle, et qu'elle existe parfois au seuil de la métaphysique, oscillant en ondes de chaleur ou, été comme hiver, se fondant en mirages du domaine des rêves et des visions qui tremblent juste de l'autre côté de l'horizon. Les grandes plaines sont une terre de visionnaires : elles provoquent des visions, elles sont elles mêmes des visions, la ligne entre faits et rêves étant brouillée. Quel autre paysage du monde produit une psyché si remarquablement mystique? Le ciel et la terre, c'est tout, et de l'herbe. Ce que la nature laisse vide, la psyché humaine le remplit.

Lorsque je déménageai en campagne, je commençai à faire des rêves significatifs. Je n'avais pas songé à cela, mais si j'y avais songé, je l'aurais sûrement expliqué comme un sous-produit de mon changement radical de vie. Par la suite, un éminent écrivain de l'Ouest canadien en qui je m'étais confiée m'avait suggéré que ma vie dans cet antique paysage squelettique avait peut-être provoqué ces rêves. À l'époque, je réservai mon jugement, mais quelques années plus tard, dans un contexte différent, une écrivaine canadienne de l'Ouest me dit qu'après avoir vécu des années en ville où elle croyait n'avoir jamais rêvé, elle s'était mise à faire des rêves remarquables et significatifs une fois installée en campagne. Elle attribuait ces rêves à l'influence du paysage dans lequel elle vivait désormais.

Dans le contexte de ces remarques, il me semble significatif que les rêves aient toujours occupé une place importante dans les cultures des Premières Nations des grandes plaines de l'Amérique du Nord, comme dans plusieurs autres cultures de ce type de par le monde. Les Premières Nations considèrent le contenu de leurs rêves comme une autre source d'information sur le monde, un guide d'actions; mais elles le considèrent également comme prophétique, soit dans leurs vies individuelles, soit dans la vie de leur communauté. Dans ces cultures, il est considéré comme insensé de ne pas tenir compte d'un rêve important; c'est une grande insulte, même un péché.

Les rêves prophétiques sont acceptés pour ce qu'ils paraissent être et sont utilisés comme tremplins pour l'action. Un écrivain du Dakota du Sud qui vivait près de Rapid City me raconta que quelques années plus tôt, le chef Crazy Horse — dont le nom serait plus précisément traduit par « Cheval enchanté » ou « Cheval visionnaire » que « Cheval fou » — me suis-je laissé dire — était apparu en rêve aux anciens de sa nation pour les prévenir d'une inondation imminente sur un bras de la rivière Cheyenne. En effet, l'inondation tua plus d'une centaine de personnes de cette nation qui vivaient sur les berges de ce bras de la Cheyenne. Hugh Brody, dans *Maps and Dreams*, décrit une culture de chasseurs, les Castors du Nord-Est de la Colombie-Britannique, où les meilleurs étaient guidés par des rêves vers leurs proies; des chasseurs-rêveurs exceptionnels, paraît-il, se seraient rendus au paradis dans leurs rêves et en auraient rapporté la carte.

Bien que je passe de longs moments sans faire de rêves d'importance, il y a quelques années, j'avais commencé à faire des rêves prophétiques. J'avais rêvé du tremblement de terre de San Francisco avant qu'il ne se produise. Comme je n'avais jamais mis les pieds à San Francisco, je croyais que la ville du rêve était Vancouver, et le pont effondré, le *Lion's Gate*. C'était un rêve assez important pour que j'en parle, mais je ne l'avais pas considéré comme prophétique jusqu'à ce que je voie la partie effondrée du pont à la télé. L'image était identique à celle de mon rêve, dont le pont était emblématique. Une autre fois, je rêvai d'un avion japonais dont le pilote avait perdu le contrôle et qui, après s'être frayé un chemin comme un ivrogne entre les montagnes, s'était écrasé contre l'une d'elles. Je rêvai de cette catastrophe au moment où elle arriva. Lorsque je me levai, Peter s'empressa de me raconter le tragique événement survenu au Japon. Je rêvai même de la mort de l'un des chefs communistes russes quelques jours avant qu'elle se produise. Il se peut que j'aie fait plus de rêves prophétiques que je ne le croie, mais si c'est le cas, je ne m'en souviens pas. En fait, je crois que cela peut arriver à tout le monde, mais la plupart des gens ne notent pas leurs rêves comme je le fais, et ainsi les oublient.

J'ai déjà décrit le rêve que j'avais fait dans lequel un aigle et un hibou géants m'apparaissaient. Pour moi, ce rêve devint significatif en ce qu'il me lança dans un voyage vers les religions comparées, la mythologie, l'étude des rêves, la psychanalyse, et enfin, l'étude de la nature de la femme. Du point de vue des archétypes, c'est un rêve sur le pouvoir masculin, symbolisé par le vol majestueux de l'aigle, et sur le pouvoir féminin, symbolisé par le hibou qui se tenait près de moi, au sol. En termes de beauté et de pouvoir, ces oiseaux étaient tout à fait égaux, mais moi, une femme, j'avais passé ma vie à suivre l'aigle — c'est-à-dire à accepter des interprétations masculines de la vie en général et, en ce qui concernait ma propre vie, à prendre des objectifs et des désirs masculins pour les miens — au lieu d'être fidèle au hibou en cherchant mon âme féminine et en l'acceptant.

Chercher à comprendre mon rêve me mena à mon roman *Luna* — une histoire de la vie des femmes de ranchs et de fermes et de la manière dont elles sentent et comprennent leurs vies traditionnelles rurales. Plus tard, je me lançai dans les nouvelles qui allaient constituer *Fever*, une étude beaucoup plus personnelle et urbaine des mêmes questions. J'ai fait ce rêve il y a une bonne douzaine d'années et pourtant je trouve toujours de nouvelles manières de l'interpréter. J'ai accepté non seulement que ce rêve me guide dans la direction que ma vie prend, mais qu'il soit le fondement sur lequel je la bâtis.

Je crois que les rêves significatifs sont une manière qu'a la nature d'influencer l'individu, de développer en lui une conscience d'elle qui soit davantage qu'un lieu ou un contexte, que la beauté, ou que quelque chose qui ne serait qu'Autre.

C'était dans *Mythologie primitive*, de Joseph Campbell, que j'avais d'abord entendu parler du temps des rêves propre aux Premières Nations. Peu après, je lus sur le sujet dans *Le monde perdu du Kalahari*, de Laurens Van der Post, un compte rendu beaucoup plus direct et captivant. Tous les peuples de la terre ont des histoires de créations. Ces histoires de peuples qu'on appelait autrefois préscientifiques racontent une époque où le monde était en train d'être créé, avec ses créatures. C'était un temps hors du temps, un temps avant la marche du temps, lorsque les animaux, les plantes et les gens pouvaient changer de catégories, devenir l'un et l'autre, et où la terre était en période de formation. De ce temps des rêves, appelé ainsi dans les mythes du monde entier, naissent des histoires et des légendes sur des créatures archétypes, parfois des dieux, dont les manifestations demeurent dans le temps déchu.

Il semble également qu'à un certain niveau, ce temps qui ne s'écoule pas existe toujours dans une autre réalité, et que des gens particulièrement bénis — y compris les chamans — peuvent toujours s'y rendre. Dans ce royaume, plusieurs choses étranges surviennent : les animaux et les humains conversent; les morts apparaissent aux vivants et leur parlent, ou ce sont des créatures du temps des rêves, que certains d'entre nous croyaient n'être que métaphoriques, qui leur rendent visite. La terre devient plus belle, se rapproche de la perfection, l'atteint même, et tout sur la terre est imprégné de sens. Le sentiment du passage du temps disparaît.

Je crois que puisque les Premières Nations du monde appartiennent à des cultures traditionnellement non technologiques et qu'elles vivent dans la nature et par elle — ou du moins, le faisaient lorsque leur culture se développait — et que ces cultures ont créé le concept du temps des rêves et considèrent les rêves très sérieusement, que ce soit en Nouvelle-Zélande, en Australie, dans le désert africain du Kalahari ou dans les grandes plaines d'Amérique du Nord, c'est assurément la nature qui leur a enseigné, donné ces rêves comme instruments de connaissance.

Je commençai à voir, grâce à ma propre expérience, que la terre — le fait qu'elle tournait — et les créatures sauvages qui y vivaient, le soleil et la lune qui se levaient et se couchaient, et les changements constants de température à sa surface — influençaient les gens de la campagne plus qu'ils ne le croyaient.

Vivre dans un environnement naturel — être dans la nature — nous altère de plusieurs façons qui demeurent inexplorées, encore rarement décrites dans notre culture. Je veux suggérer que les manières dont un tel rapprochement nous affecte, depuis les rêves jusqu'aux phénomènes plus subtils mais moins faciles à décrire, sont réelles, et que nous devrions cesser de penser, avec nos égos enflés, que toute l'influence est de notre côté. Nous pourrions essayer de déplacer notre pensée dans cette direction de façon à arrêter d'améliorer allègrement le monde naturel autour de nous, et commencer à apprendre, comme les Premières Nations l'ont fait, ce que la nature, de sa manière subtile mais puissante, a à nous enseigner au sujet de la manière de vivre.

De plus en plus, j'en viens à croire que notre aliénation du monde naturel est à la racine des échecs du monde moderne, et que si la nature a quoi que ce soit à nous enseigner, sa première leçon est l'humilité.

DES PIERRES DANS L'HERBE

Au moment où j'écris ceci, je regarde sur l'étagère en face de moi un éclat de roche rouge vin. C'est probablement du grès, bien que l'identification des roches ne soit pas ma spécialité; je n'y ai jamais voué beaucoup d'énergie — ce n'est pas dans ma nature de me préoccuper de la composition des objets naturels, ou de leur appellation. Quoique j'aie longtemps désiré apprendre les noms des plantes et animaux que je voyais tous les jours — une approche scientifique n'est pas incompatible avec le but de mes promenades dans la nature —, il m'a toujours semblé que les efforts déployés pour trouver les réponses distrayaient des découvertes que l'on pouvait faire.

Cette petite roche est oblongue, de quatre pouces et demi par deux et demi environ; la surface lisse et courbée de son ventre, dans son état naturel, épouse agréablement la courbe de ma paume. Sa surface supérieure est rugueuse, et l'un de ses bords a été soigneusement taillé pour servir de grattoir. Les petites indentations sont clairement visibles, et ont probablement été taillées par une autre pierre. En raison de son riche rouge vin — la plupart des roches que je trouve sur les collines environnantes sont taillées dans un silex d'un bronze terreux — et parce que, de toute évidence, c'est un grattoir, je trouve cette roche particulièrement belle. Mais par-delà ces raisons, je la chéris parce qu'elle revêt une importance particulière pour moi.

Un ami écrivain était venu nous rendre visite et, sachant de par ses écrits et nos conversations que lui et moi partagions le même point de vue sur la nature, je l'emmenai faire une promenade à pied dans ce champ particulier, mon favori, celui dont j'ai parlé. Nous n'y étions pas depuis cinq minutes qu'il se pencha soudain. Au moment où il se penchait, je ressentis quelque chose dans ma poitrine et je dis, comme il tenait ce petit éclat de roche couleur de vin : « Ça ressemble à un grattoir », et lui, presque simultanément : « C'est un grattoir! »

C'était comme si nous l'avions trouvé ensemble, même s'il avait été le premier à le voir et à le ramasser. Pourtant, ce sentiment dans ma poitrine me disait qu'il l'avait trouvé avant même que ne je le voie. Sa trouvaille me surprenait : « C'est le premier artefact qu'on ait trouvé ici!», dis-je, bien que je n'aie jamais cherché, puisque chercher des lances ou des pointes de flèches, des marteaux de pierre, des pilons ou des grattoirs, des armes et outils laissés par des Aborigènes, n'était pas la raison pour laquelle j'y allais.

Nous l'examinâmes, le touchèrent, nous exclamâmes sur sa beauté et sur la simultanéité de notre trouvaille, comme si la terre avait voulu que nous le trouvions, comme une sorte d'affirmation de... quoi? Nous? Lui? Quelque projet sur lequel nous devions nous engager ensemble? Nous ne savions pas et ne spéculions pas. L'événement, même s'il suscitait des questions, semblait assez significatif en lui-même pour que nous le considérions comme une bénédiction et que nous en restions là. « On dirait qu'il veut demeurer ici », dit mon ami écrivain, et le laissa tomber là où nous l'avions trouvé. Il ne me demanda pas si je trouvais qu'il devrait y rester, mais j'acceptai son verdict, et gardai le silence. Cependant, je ne l'oubliai pas, et aujourd'hui que le grattoir a pris un autre sens, je suppose que mon ami avait tort.

Quoiqu'il me vînt à l'idée que je pourrais écrire ce livre,

l'entreprise me paraissait aussi impossible qu'elle m'avait paru quinze ans auparavant. Je passai une année à vaciller, me convainquant moi-même d'abandonner le projet, et pourtant j'en devenais de plus en plus obsédée. Je finis par succomber.

Lorsque je fus prête, je m'assis à mon bureau pour taper à la machine *Perfection du matin*, puis attendis dans cet état de suspension que connaissent les écrivains, de quelqu'un qui retient son souffle, qui oublie le monde alentour, vivant dans un état de tension et de prière, une sorte de concentration permettant de faire le vide, de manière que les mots justes puissent se tailler une place.

Et puis, comme cela se passait toujours, les idées commencèrent à couler, à se former en mots, en phrases, en paragraphes, à mesure que je tapais. Une chose étrange se passait. Je commençai à avoir une vision de ce même champ où nous avions trouvé le grattoir, planant autour de moi, en périphérie. Je voyais sans les regarder ses collines herbeuses et ses plaines vertes, les roches à plusieurs teintes, le sarcobate vermiculé, la sauge, la symphorine de l'Ouest, et des buissons de roses sauvages poussant dans les sillons de ses collines. Mais il y avait davantage : je ressentais la même chose que lorsque j'étais dans ce champ. Je me sentais enveloppée dans cette aura ou présence qui, les bons jours, me donnait l'impression d'être sous l'emprise d'une autre conscience, d'être soutenue par une présence qui éclipsait de loin la mienne. C'était comme si cette présence ou ce paysage s'était incarné et venait à moi dans mon bureau.

J'essayai de me secouer de cet état, de fermer les yeux sur cette vision, de la reléguer au royaume de l'imagination. Elle refusait de me quitter, et je vis que je ne l'avais pas provoquée. Ma poitrine se gonfla d'une sorte de respect, la chaleur rougit mon visage. Je pensai que cela — écrire cette expérience après cette lutte à savoir si je devais ou je pouvais — devait être la bonne décision à prendre. Je m'assis et ressentis ce que je savais être une vision s'épanouir autour de moi. J'attendais je ne savais quoi : un souffle de vent frais sur mes joues transportant l'agréable odeur poivrée de la sauge, une voix.

On exige toujours trop de ces petits mystères. En un moment, la vision s'évanouit, et je me retrouvai devant la machine à écrire. Mais quelque chose était arrivé, quelque chose de rare et de merveilleux. Ma tâche me semblait désormais investie d'un objectif.

Je songeai à mon esprit coyote blessé; je songeai à mon aigle planant, les ailes étendues, et à la solidité et la beauté de mon hibou attaché à la terre. Il devait, pensai-je, certainement y avoir un lien, et comme j'y réfléchissais, je réalisai que les trois visions étaient des visions de la nature. Je me sentis bénie par la présence de ces visions; je sentis également qu'elles exigeaient que j'agisse, mais que faire? Il ne faisait plus de doute que je devais écrire mon livre — l'esprit coyote m'avait jeté un regard éloquent; les collines semblaient planer autour de moi, comme pour m'encourager. Si je n'arrivais pas à trouver un lien direct avec le hibou et l'aigle, je ne m'en préoccupais pas. Cependant, ayant rassemblé le courage pour commencer à écrire ce livre — c'était vraiment ce qu'on pouvait appeler un acte de foi —, je découvris, après une semaine de travail, que je ne savais plus comment continuer, puisque je me demandais si je n'avais pas déjà tout dit. J'avais besoin de soutien et d'inspiration, et laissai mon bureau pour marcher dans le champ où nous avions trouvé le grattoir.

Je marchai et grimpai, m'assis et réfléchis, et essayai de vider mon esprit pour accueillir ce dont j'avais besoin et que mon être conscient essayait vainement de produire.

Enfin, j'arrivai à l'endroit qui me semblait être le point de mire du champ et m'y m'assis : c'était un endroit surélevé avec une vue sur les champs et les collines. Je me concentrai, révisant les raisons pour lesquelles écrire ce livre, me les rappelant à l'esprit et évaluant le sens qu'elles portaient pour moi.

Mes raisons tenaient toujours bon; je n'avais pas le sentiment d'avoir à laisser tomber le livre, même si je ne savais comment en approcher la suite. Mais je savais, comme je l'ai su avec chacun de mes livres, que je ne pourrais prévoir les meilleurs passages. Ces passages semblaient me venir en une fraction de seconde, comme si l'intérieur de mon corps était, en de tels moments, un théâtre sombre dans lequel un rayon de sagesse, quelque vision, s'imposait avant que la lumière ne disparaisse aussi subitement qu'elle était venue. Ces moments bénis me viennent lorsque, après une nuit de rêves frappants, je me lève et me mets directement au travail. L'état d'esprit qui les produit peut venir de la lecture d'un grand écrivain, d'une grande écrivaine, ou — et c'est la raison pour laquelle j'étais dans le champ — de promenades solitaires jour après jour, dans la nature.

Ce jour-là, frustée par mon écriture et revenant au début du livre dans le silence et la solitude, j'étais assise dans l'herbe, devant un vaste paysage à peine peuplé, mais marqué, partout où il n'avait pas été labouré, par les signes laissés pendant des siècles de la traversée humaine du territoire, et je ressentis une pure parenté avec l'univers, attendant un signe qui serait comme un aval, comme l'avait été la petite vision qui m'était venue le matin où j'avais commencé à écrire.

Ne demande jamais de signes, m'étais-je marmonné. Comme les dieux sont sans coeur, capricieux et inscrutables! Tu n'as jamais de signes lorsque tu les attends, et lorsque tu en as, tu ne les comprends pas; d'ailleurs, tu as probablement perdu la raison.

Quoique j'eusse mes doutes sur la possibilité que quelque chose survienne, je me disais qu'un signe pourrait consister à trouver, lors de mon voyage de retour, quelque chose à rapporter avec moi, ce que je ne fais normalement jamais. Par « quelque chose », j'entendais une roche particulièrement belle ou curieuse, ou peut-être même une pointe de flèche ou de lance.

J'avançais dans une direction qui me ramènerait directement vers ce que je concevais comme la sortie, le regard dirigé vers le sol, levant les yeux de temps à autre pour vérifier ma position. Ce n'était pas la route la plus facile, parce que j'avais choisi d'escalader les collines et de les redescendre au lieu de les contourner.

En dépit de mes efforts pour prendre la route directe, je dus m'éloigner quelque peu, parce que, soudain, devant mes chaussures, se trouvait ce petit grattoir couleur de vin que mon ami écrivain et moi avions délibérément laissé là et que j'avais vu lors de chacune de mes excursions.

Je pensai : s'il doit y avoir un signe, le voilà. Ce champ fait plus de cent cinquante hectares, je suis moi-même petite, et je ne pensais même pas à ce grattoir ou à son emplacement; en fait, j'essayais de revenir par un autre chemin. Je le ramassai donc et le ramenai à la maison, me disant — et lui disant — que je le remettrais à sa place une fois mon livre terminé. Ce serait mon talisman.

Bien que j'aie occasionnellement trouvé des fossiles et concrétions, c'était le premier grattoir que je trouvais — la première preuve mobile d'occupation humaine avant celle des ranchers et des agriculteurs. À mesure que j'apprends à connaître la terre, je deviens plus au fait que les champs où personne n'a ramassé les pierres, ou que personne n'a cultivés, sont tout de même jonchés de signes des camps nomades des Premières Nations, c'est-à-dire des artefacts de pierre perdus ou abandonnés.

Dans l'Ouest en général et en Saskatchewan en particulier — où, selon le recensement de 1986, huit pour cent de la population se dit de totale ou de partielle ascendance aborigène, et où l'on croit qu'un nombre significatif de personnes soit ne savent pas qu'elles font partie de ce groupe, soit choisissent de ne pas le rapporter —, les Premières Nations sont très présentes dans les villages et les petites ou plus grandes villes. Dans mes souvenirs les plus anciens — qui remontent à cinquante ans, lorsque mon père dirigeait une petite scierie au milieu de la brousse — il y a des Aborigènes, qui parfois érigeaient un tipi dans un pré, à proximité de la scierie où les hommes travaillaient. Je me rappelle les tipis et les visages entraperçus des hommes mangeant dans la baraque-cuisine où nous, les « petites filles », comme on nous appelait, n'avions pas accès. Mais je ne me rappelle pas avoir vu d'enfants; seules des femmes venaient parfois à la cuisine et parlaient à notre mère. Curieusement silencieuses dans leurs robes rouges, elles m'effrayaient et, au grand désespoir de ma mère, je me cachais dans ses jupes lorsqu'elles s'approchaient.

Les enfants autochtones étaient très présents au couvent de Prince Albert, où je commençai l'école quelques années plus tard, lorsque plusieurs des pensionnaires autochtones d'un orphelinat incendié de Saskatoon avaient été envoyés à notre école, et où, si je me souviens bien, ils avaient été honteusement traités (en fait, les soeurs étaient sans merci pour qui que ce soit). Plus tard, à Melfort, bien qu'il n'y eût aucun enfant autochtone dans notre école, chaque été, les autochtones campaient dans les bois aux limites de la ville. Ils s'étaient intégrés au tissu de la ville : des familles roulaient dans des wagons tirés par des chevaux, leurs femmes faisaient du porte-à-porte pour vendre des petites baies et des catalognes. Notre mère et ses voisines réservaient leur compassion pour les femmes, à tort ou à raison. Sur ce sujet, notre père, qui connaissait bien les autochtones, restait silencieux.

Mes soeurs et moi avions été élevées en sachant pertinemment que les autochtones n'avaient pas été bien traités par notre gouvernement — « des hommes! », aurait dit notre mère — et que les conditions dans lesquelles ils vivaient étaient honteuses. Mais nous étions également pauvres — des pauvres de la classe ouvrière — et nous n'y pouvions pas grand-chose. C'était l'attitude de la plupart des Européens à l'époque, une attitude qui démontrait un racisme involontaire, né de l'ignorance, et qui ignorait tout un peuple. S'ils avaient eu un passé glorieux, nos familles n'en savaient rien et n'auraient pas considéré cette information pertinente. Nous ne savions rien non plus des mythes des Premières Nations, de leurs croyances ou de leurs attitudes vis-à-vis du monde naturel. Il ne nous serait jamais venu à l'esprit qu'ils pourraient nous enseigner quelque chose sur la vie dans la prairie. Nous étions encouragés dans cet aveuglement par nos écoles, nos églises et nos chefs politiques.

Et la vérité, c'était que, puisque les autochtones n'avaient jamais été partie intégrante de notre monde d'enfants, je les craignais. Souvent nous partions en bande avec un goûter et passions la journée à explorer le petit bois de trembles aux limites de la ville et à y jouer. Quand les autochtones campaient tout près, nous demeurions à une distance respectable de cette partie du bois. Je me souviens d'un jour où nous avions mal jugé de la distance de leur camp; peut-être aussi, absorbés par notre jeu, avions-nous complètement oublié qu'ils étaient là; peut-être encore une bande de garçons autochtones étaient-ils à explorer comme nous, puisque cette bande tomba sur nous. Nous les entendîmes venir et, avant qu'ils ne sortent du bois, prîmes nos jambes à nos cous. Ils nous poursuivirent, mais qui pourrait deviner comment ils auraient réagi si nous n'avions pas couru (peut-être aurions-nous fait connaissance?) passé la lisière du bois, où, jetant un regard par-dessus nos épaules, nous les vîmes — je me souviens que quelques-uns agitaient des bâtons — crier.

Je me rappelle une rencontre bien différente. L'une de mes soeurs était devenue infirme à la suite d'une attaque de polio durant l'épidémie de 1947 et, un jour, une autochtone passant sur le trottoir remarqua sa condition alors que nous jouions ensemble, et lui donna un billet de cinq dollars. Ayant été réduite par la société blanche à vendre des baies — des saskatoons, des bleuets, des cerises sauvages — pour gagner sa vie, elle prenait tout de même pitié d'une enfant de ses oppresseurs et montrait sa compassion avec un geste magnanime.

Mes craintes — d'abord des femmes, puis des garçons — n'étaient fondées sur rien de rationnel; rien n'était jamais arrivé pour les justifier. Il n'y avait nulle part où rencontrer des autochtones à cette époque, ni à l'école, ni lors de nos jeux, ni dans les rues de la ville. Et pourtant, ils y étaient toujours; comme les forêts, comme les lacs et la prairie, ils étaient toujours partie intégrante de la vie en Saskatchewan. Leur présence constante aux marges de notre société était une ombre faite de culpabilité — qui se transformait trop souvent en mépris, voire en haine —, de peur, de curiosité, de sympathie, et de honte. Nous marchions tous dans la tristesse de cette ombre, croyant, lorsque nous nous arrêtions à y penser, qu'un jour nous serions libérés de la culpabilité que nous ressentions en raison de ce que nous leur avions fait subir, ne réalisant pas — comme c'est le cas aujourd'hui pour moi — que, peu importaient nos intentions ou, en fait, nos actions, des générations passeraient avant que cette triste histoire ne perde sa pertinence.

De ma nouvelle maison, regardant les visages des gens qui vivaient dans les villes avoisinantes et qui passaient dans les rues, je devins consciente d'un manque surprenant. Lorsque je m'informai de la raison pour laquelle il n'y avait aucun Aborigène dans les environs, personne n'eut de réponse pour moi sauf un incertain haussement des épaules. Quelques-uns me dirent qu'il y avait une réserve près de Maple Creek et que l'on pouvait voir des Aborigènes dans les rues de cette petite ville, ce qui, n'étant pas une réponse, ne fit qu'intensifier le mystère.

Peter et son père avaient à l'occasion acheté des poteaux de clôture des hommes de la réserve et connaissaient quelques-uns de ces hommes. Depuis mon mariage, j'avais vu leurs hommes participer aux compétitions de rodéo tenues chaque juillet dans les Cypress Hills, région adjacente à leur terre; toutefois, je ne savais de cette réserve que le fait qu'elle était crie et très petite. Mon impression initiale était donc que notre coin sud-ouest de la Saskatchewan devait un jour avoir été territoire cri.

Il tient de l'évidence pour tout habitant de la région que personne ne pourrait vivre très longtemps loin des coulées, parce que, loin d'elles, il n'y a pas d'abri contre le vent, les blizzards, les orages électriques ou l'implacable soleil d'été, pas plus qu'il n'y a de bois pour les feux. Habituellement, dès juillet, toutes les eaux naturellement amassées à la surface se sont évaporées sous la chaleur intense; par ailleurs, comme de nombreuses recherches l'ont prouvé, les hivers dans les Plaines peuvent être si épouvantables qu'ils effraient même les plus intrépides habitants de l'Ouest.

L'expérience nous suggère qu'il est fort probable que des siècles aient passé sans que ces étendues herbeuses à perte de vue aient été foulées par des humains durant l'hiver. Il faut attendre le milieu du XVIIIe siècle avant que des tribus des Plaines — dont plusieurs possédaient des fusils depuis un siècle —, acquièrent des chevaux, qui leur permettent de s'éloigner davantage du campement pour chercher de l'eau ou du bois de chauffage. Et pourtant j'y ai repéré, comme d'autres résidents des régions plus sèches, des cercles de pierre et des cairns, des outils et des pointes de flèche loin de tout ruisseau ou point d'eau sûr, tels que des sources. Cela indique sûrement qu'en dépit des inconvénients, des gens sont venus et restés assez longtemps pour laisser non seulement des artefacts utilitaires, mais d'autres traces dont la réelle fonction reste inconnue, du moins aux non-Aborigènes.

Nous savons que les Nations des Plaines chassaient les bisons, dont de grands troupeaux broutaient la plus grande partie de l'année, se dirigeant vers les boisés du sud pendant les mois d'hiver. Avec leurs fusils et leurs chevaux, les escarpements où ils attiraient les bisons, avec leurs enclos à bisons, les gens des Plaines avaient maîtrisé l'art de chasser, le bison étant devenu leur première source de nourriture et de cuir, et ayant servi à de multiples autres usages. Des chasseurs de bison durent avoir parcouru chaque centimètre de cette région, le bison ayant été très connu des bandes indiennes qui vivaient sur ce territoire.

Bien que depuis les années où j'étais étudiante, de plus en plus de chercheurs aient entrepris la complexe étude des mouvements, des alliances, de l'histoire des Premières Nations d'avant les traités, j'ai découvert que l'information publiée l'est toujours sous une forme assez déroutante, à moins que l'on ne soit un chercheur aguerri. Je n'étais pas quelqu'un à faire plus de recherches qu'il n'en fallait, entre autres parce que j'étais à quatre cents kilomètres de la bibliothèque universitaire la plus près. Et pourtant, il me fallait des explications au fait qu'il n'existait pas de Premières Nations dans cette région sauf dans cette petite réserve de la région des Cypress Hills. J'avais entendu dire que c'était un territoire Blackfoot, ce qui, considérant que la réserve était crie, me rendait perplexe. Je voulais avoir l'information juste, croyant que la réponse serait simple.

Les premiers écrits sur lesquels je me penchai furent ceux de la grande période d'exploration du territoire qui correspond aujourd'hui aux provinces des prairies. Je découvris qu'aucun Européen — du moins, qui ait laissé de trace écrite — n'avait voyagé jusque dans le sud-ouest de la Saskatchewan avant le milieu du XIXe siècle. De façon générale, les explorateurs suivaient les cours d'eau, mais il n'y avait aucune rivière d'importance au sud de la rivière Saskatchewan, ou « Mauvaise rivière », comme Peter Fidler — le premier marchand explorateur à suivre la rivière Saskatchewan Sud vers l'ouest (1800), vers ce qui deviendrait l'Alberta — s'y réfère.

Henry Kelsey, en 1690, et Anthony Henday, en 1754, voyageant tous deux pour la Compagnie de la baie d'Hudson britannique, se rendirent au point le plus au sud de la rivière Saskatchewan Nord, mais aucun des deux n'atteignit la branche sud de la rivière. Même Peter Fidler ne s'était pas aventuré au sud des Cypress Hills. Mais il existait d'autres raisons, outre l'absence d'un réseau de cours d'eau, au fait que cette région était restée inexplorée.

Je croyais que les Cris et les Pieds-Noirs étaient ennemis, mais John Milloy, dans son ouvrage *The Plains Crees : Trade, Diplomacy and War, 1790 to 1870*, cite des preuves qu'il y eut collaboration paisible entre 1730 et 1806, et que, pendant cette période, ils réussirent à repousser les Snake, ou Shoshoni. Après cette période, leurs relations connurent de courtes trèves.

Le journal de Peter Fidler, intitulé *Chesterfield House Journal*, un compte rendu des deux hivers (1800-1802) qu'il passa à faire de la traite au confluent des rivières Red Deer et Saskatchewan sud, juste au nord de la ville actuelle de Leader, à environ cent soixante-quinze kilomètres au nord-ouest d'Eastend, ne note aucune présence crie, mais une sympathique présence pied-noir, et le danger si omniprésent des Gros Ventres que Fidler et ses hommes abandonnèrent leurs postes au printemps 1802, n'ayant jamais osé s'aventurer au sud des Cypress Hills. Selon Milloy, aux environs de 1850, les Gros Ventres avaient été repoussés au sud de la rivière Milk vers le Montana, et n'étaient présumément plus une présence dans le triangle Palliser.

John Bennett, de l'Université de Washington, commença dans les années soixante une étude socio-économique longitudinale de la région de Maple Creek, qu'il nomma « Jasper », une ville à soixante-dix kilomètres au nord-ouest d'Eastend. Dans *Northern Plainsmen*, il offre une interprétation standard de la situation dans la région de Cypress Hills jusqu'à l'arrivée des colons.

Comme quelques-uns des Cris des bois migrèrent vers les Plaines à la recherche de fourrures pour la traite, une sorte de *no man's land* se développa entre les Cris des plaines et les autres tribus à l'est et au sud; les Cypress Hills et la région de Jasper étaient au coeur de cette zone. Les Pieds-Noirs finirent par dominer la région, maintenant des garnisons dans les Cypress Hills ou tout près afin d'empêcher les autres tribus de s'y établir. La présence de grizzlys dans les Cypress Hills décourageait l'occupation indienne. La Compagnie de la baie d'Hudson avait plus ou moins collaboré à cette politique puisqu'elle désirait maintenir les troupeaux de bisons pour s'assurer une réserve de viande (sous forme de pemmican) destinée aux postes, et pour faire des ventes profitables de fusils et d'autres articles aux Premières Nations qui faisaient la chasse et la traite. Au début du XIXe siècle, cette région était devenue une frontière militaire stable, avec les Cris et leurs alliés occasionnels, les Assiniboines, qui effectuaient des raids chez les Pieds-Noirs, mais qui, en général, s'enfuyaient avant que les implacables Pieds-Noirs ne puissent riposter en force. Mais la politique du *no man's land* tenait toujours, car le long retard de l'établissement des Blancs dans la région était dû à l'hostilité des Pieds-Noirs, et à la collaboration de la Compagnie de la baie d'Hudson dans cette affaire, dont c'était l'avantage de garder les Blancs à distance de ce territoire.

Les comptes rendus que fit John Palliser de ses expéditions dans le sud des prairies de 1852 à 1859 le confirment. Ils révèlent que bien qu'il eût planifié de descendre dans le territoire des Cypress Hills, des membres de sa troupe l'avisèrent fortement de s'en abstenir en raison du fait que ce territoire était désormais pied-noir et que ce serait beaucoup trop dangereux. On l'avertit que s'il persistait dans ses intentions, la plupart des membres de sa troupe le déserteraient. Palliser abandonna l'idée et, sauf la courte excursion à cheval de deux de ses hommes jusqu'à la frontière, dont le retour se fit par l'ouest des Cypress Hills — aujourd'hui en territoire albertain —, personne d'autre de sa troupe ne vit jamais la région qui s'étendait au sud des Cypress Hills.

Pendant la période s'étendant entre 1850 et 1865, le territoire sud des Plaines fut relativement paisible. Mais dès 1865, les bisons avaient commencé à disparaître et ceux qui restaient reculaient de plus en plus loin à l'ouest des terres pieds-noirs. Les Cris, qui avaient désespérément besoin de réserves de nourriture, n'avaient d'autre choix que de les suivre en territoire ennemi. Milloy décrit un groupe d'hommes cris qui, en 1868, s'étaient aventuré dans la région des Cypress Hills « cent cinquante milles à l'intérieur du territoire pied-noir », ce qui situerait la division du territoire par les deux nations selon une ligne nord-sud quelque part entre Moose Jaw et Swift Current.

Plusieurs escarmouches en résultèrent, dont quelques morts. En 1869, un chef cri réputé, Maskepetoon, fut tué par les Pieds-Noirs durant une bataille, événement qui envenima les relations pieds-noirs — cris jusqu'à ce qu'une guerre éclate le long de la frontière entre les deux nations. Souvent leurs batailles durent prendre place sur cette terre même où je vis et marche, et dont les Premières Nations sont désormais absentes.

À l'automne de 1870, entre six cents et huit cents guerriers cris et assiniboines — on prend souvent ces deux nations pour la même nation crie, puisqu'elles ont fréquemment agi de concert, en dépit du fait qu'elles parlaient des langues différentes — venant d'un peu partout sur le territoire qui deviendrait la Saskatchewan, avancèrent à l'ouest, dans le territoire pied-noir jusqu'au confluent des rivières Old Man et St. Mary, près de l'actuelle Lethbridge, où ils furent défaits une fois pour toutes par la confédération pied-noir. À ce moment, il ne restait déjà presque plus de bisons sur le territoire cri — Bennett situe ce fait aux environs de 1877 — et en dépit du fait qu'ils avaient vaincu, les Pieds-Noirs commencèrent à permettre aux Cris de chasser sur leurs terres. C'est ainsi que ce territoire où je vis, autrefois exclusivement pied-noir, devint également cri.

Quatorze ans après la dernière expédition de Palliser, et deux ans après cette bataille décisive près de Lethbridge, Isaac Cowie fut envoyé à l'extrémité est des Cypress Hills — c'est-à-dire dans les collines bordant ce qui est aujourd'hui la petite ville de Eastend — pour établir un poste de traite de fourrures pour la Compagnie de la baie d'Hudson. Aujourd'hui nommé *Chimney Coulee*, ce poste avait été un endroit où les Métis hivernaient, et avait sans doute été pour quelques Premières Nations un terrain de chasse. Cowie était apparemment le premier Européen à s'aventurer si au sud, et il passa l'hiver à y faire une traite profitable avec les Métis, les Assiniboines et les Cris, mais pas avec les Pieds-Noirs, la nation même que la Compagnie avait visée pour la traite.

Au printemps, Cowie ne se sentait plus en sécurité dans ce territoire et, avec un compagnon, quitta le poste juste avant qu'un groupe de Pieds-Noirs arrive et tue les neuf Assiniboines qui étaient restés pour se nourrir à même les provisions laissées par Cowie et son groupe. Les Pieds-Noirs réduisirent en cendre le poste de traite. Isaac Cowie et son compagnon, Birston, entendirent les coups et virent la fumée des bâtiments monter en volutes dans le ciel comme ils arrivaient au pied des collines. Chimney Coulee est situé à environ dix milles de l'endroit où j'écris ceci, et, de notre fenêtre nord-ouest, je puis voir Anxiety Butte, l'endroit le plus élevé, et ainsi le point de repère le plus près du déroulement de ces événements.

Il était donc vrai que le sud-ouest de la Saskatchewan avait été la patrie de Premières Nations; il était même possible d'identifier ces Premières Nations. J'en voyais les preuves partout où je posais les yeux. C'était d'autant plus sinistre de marcher dans les rues de ces villes où on ne voyait — sauf à Maple Creek — aucun visage aborigène. Je n'en savais toujours pas la raison et décidai de chercher la réponse dans les traités.

J'y trouvai que la frontière du traité numéro quatre (1874) avec les Cris, les Sauteaulx, ou Ojibwa, couvrait toute la région où je vivais, y compris les Cypress Hills. Le traité no 7, signé en 1877 avec les Pieds-Noirs, les Bloods, les Piégans, les Sarcis et les Stoneys (Assiniboines) — ces deux derniers ayant dû négocier séparément comme ils parlaient une langue différente de la Confédération des Pieds-Noirs —, décrit ses frontières est comme étant « à l'ouest des Cypress Hills, ou de celles du traité no 4 ». En dépit de cela, Olive Dickason, dans son *Canada's First Nations : A History of Founding Peoples from the Earliest Times*, dessine, sur sa carte des frontières des traités, une ligne pointillée autour de la région la plus élevée des Cypress Hills, indiquant que la frontière du traité est incertaine. Je croyais que puisque la région était couverte par les traités, il devait y avoir des terres appartenant à des réserves de la région, et je passai quelque temps à essayer, en vain, de trouver des papiers qui montreraient où se situaient ces réserves.

Puis je trouvai un article de l'historien John Fobias, intitulé, de façon inquiétante, « Canada's Subjugation of the Plains Crees, 1879-1885 ». J'avais une réponse partielle à la question de savoir pourquoi, après des siècles d'occupation de ce territoire des Cypress Hills par les Premières Nations, il n'y avait désormais qu'une petite réserve dans les environs — qui faisait environ trois mille hectares et où vivaient environ deux cents Aborigènes, principalement cris, mais également assiniboines.

En un mot, lorsque les bisons disparurent, vers la fin des années 1870, c'était la famine chez les Premières Nations des Plaines; c'est pourquoi elles se rassemblèrent dans la région des Cypress Hills, où il y avait toujours eu du gibier. Mais il y avait également Fort Walsh, un poste de la Police Montée au nord-ouest, une agence gouvernementale et des représentants du gouvernement avec lesquels négocier pour obtenir des terres et desquels, entre-temps, de la nourriture pourrait être obtenue. À cette époque, plus de la moitié de la population des traités 4 et 6, principalement crie, était présente dans les Cypress Hills, une situation qui alarmait et la police et les autres résidents européens présents. En 1876, le chef Sitting Bull, des Sioux Hunkpapa, avait traversé la frontière suivi d'un contingent de quatre mille de ses hommes, immédiatement après la bataille de *Little Big Horn.* C'était une situation qui, quoique temporaire, alarmait encore plus les autorités. Avec autant de gens des Premières Nations rassemblés en une région, la possibilité d'une confédération indienne, voire d'une guerre, leur semblait une menace immédiate (en fait, les chefs de la nation crie, alliés à Sitting Bull à la tête des Dakotas, et à CrowFoot, de la confédération des Pieds-Noirs, avaient en vain essayé d'établir une alliance).

Une petite bande, qui répondait au chef cri Nekaneet, demeura dans les Cypress Hills, s'établissant au sud-est de Maple Creek, précisément là où est située la réserve aujourd'hui. Neil John Mc Leod, dans un manuscrit intitulé *The Indian Agent*, écrit : « Ils refusèrent systématiquement d'accepter (les bénéfices des traités) et étaient un peuple des plus indépendants. » En 1913, selon un livre d'histoire locale, les gens de la région avaient signé une pétition demandant au gouvernement une réserve pour ces gens, et obtinrent gain de cause avec un don d'une superficie de mille quatre cent quarante hectares, à laquelle, vers 1940, furent ajoutées deux sections et demie[7]. Ce ne fut pas avant le milieu des années soixante-dix, dit encore ce livre d'histoire locale, que ce groupe obtint — ou accepta, selon qui raconte l'histoire — des droits liés à son traité. Leur terre était connue sous le nom de « réserve Nekaneet », Nekaneet étant le nom du chef tenace qui avait refusé de se faire expulser. Cette histoire déshonorante et ignominieuse, malheureusement trop commune des deux côtés de la frontière lorsqu'il s'agit du traitement des Premières Nations par les Européens, fut amenée à une sorte de conclusion en 1992, lorsque les gens de Nekaneet négocièrent un accord par lequel ils obtinrent le droit et les fonds pour acheter une vaste étendue de terrain dans leur bien-aimée région des Cypress Hills.

J'avais appris que depuis le début du XVIIe siècle et le premier contact avec les Européens, lesquels avaient noté leurs impressions, cette région avait été sous l'emprise des Gros Ventres, des Pieds-Noirs, des Cris et des Assiniboines — sans mentionner, dans l'extrême sud-ouest et seulement pendant un moment, les Shoshoni — et qu'à la fin, si ce n'avait été du désespoir qui les avait poussés à signer des traités les obligeant à quitter la région des Cypress Hills, mes voisins auraient été des Cris ou des Pieds-Noirs. En fait, ces terres auraient pu n'avoir jamais été ouvertes à la colonisation.

Le petit grattoir rouge vin que mon ami écrivain et moi avions trouvé dans l'herbe avait été taillé par quelqu'un, soit Pied-Noir, soit Cri, Assiniboine ou Gros Ventre. Peut-être était-ce quelqu'un qui était arrivé bien avant l'existence de ces Nations, quelqu'un qui avait taillé ce côté tranchant et l'avait utilisé pour gratter la peau d'un bison, d'un cerf ou d'un lièvre.

---

[7] Une section correspondant à une superficie d'un mille carré.

Le grattoir dans la paume de ma main, j'essayais de sentir la présence de l'autre, une femme, pensai-je, qui avait utilisé cet outil. La manière dont il embrassait la courbe de ma paume, son poids et son équilibre si parfaitement adaptés au type de travail auquel il était destiné, sa beauté inattendue, l'inconnue qui l'avait utilisé, le mystère du tissu quotidien de sa vie, m'attiraient. Qui était-elle? Quand avait-elle vécu? Qui était son peuple? D'où était-il venu?

Jour après jour de canicule, je marchais seule dans l'herbe sèche et jaune, le regard dirigé vers la terre. Parfois, tombant sur un cercle, je m'arrêtais et mettais mes mains sur deux de ses pierres, afin de sentir leur chaleur ou leur fraîcheur. Quelqu'un les avait disposées ainsi, mais il y avait combien de temps? Cent ans, au moment de la disparition des bisons et de la famine de ces peuples qui en vivaient? Sur le chemin de retour de leur vaine quête au Montana, s'étaient-ils arrêtés ici pour offrir leurs prières aux quatre points cardinaux? Avaient-ils disposé soigneusement ces pierres, une modeste offrande parmi tous ces kilomètres d'herbe vierge, pour dire: *«Ici nous nous sommes arrêtés, ici nous avons offert nos prières. Que le passant le sache.»*? Peut-être les cercles marquaient-ils les endroits où les pouvoirs de la terre donnaient un rêve à un bon rêveur? Ou peut-être était-ce là qu'une vision était permise à un bon rêveur? Était-ce il y a mille ans? Ou deux mille ans? Ou neuf mille ans?

Des marques de pierres dans l'herbe; la pierre, le seul matériau disponible, celui qui résisterait au feu de l'été et à la tristesse de l'hiver; la pierre, créée au moment de la formation de la terre, plus vieille même que la race ancienne qui l'avait soulevée et en avait fait un humble hommage à ses dieux. Je réfléchis sur ce que je voyais : les milles d'herbe jaune, la profondeur inimaginable du ciel, la solitude comme possibilité toujours imminente.

Un jour que j'errais seule et à pied sur un champ de dix milles carrés de dimension, c'est-à-dire d'une superficie de plus de six mille hectares, quelque chose de curieux arriva. Une agitation m'avait fait quitter la maison; un malaise innommé et inexplicable m'avait empêchée de travailler ou de rester tranquille. Ce besoin, au lieu de s'évanouir comme c'était habituellement le cas, devenait plus impérieux à mesure que je marchais. Il me semblait que j'étais là pour une raison, que quelque chose allait m'arriver. Je n'avais pas idée de l'endroit où cette chose se passerait, ou de la nature de cette chose, mais la sensation était trop forte pour être ignorée. Du moins en avais-je appris suffisamment pour savoir que de l'ignorer comme nous y avions tous été habitués serait une sorte de folie volontaire. J'étais libre de suivre ce besoin en raison des circonstances de ma vie, et donc je le fis.

Je n'avais pas plus d'expérience de ce qui m'arrivait que qui que ce soit. Je dirigeai tous mes efforts vers cette attirance. Me concentrant, je réalisai que j'avais le sentiment que ce n'était pas mon cerveau, mais mes entrailles — la région de mon plexus solaire et de mon abdomen — qui semblaient le mieux répondre à cet appel.

J'escaladai une colline — je me souviens de m'être sentie mal à l'aise et perplexe — regardai alentour, et sus que ce n'était pas ce que je cherchais. Je marchai un autre quart de mille ou plus, et escaladai une autre crête, puis regardai alentour. Mais non, ce n'était pas non plus l'endroit. Lorsque les glaciers avaient éraflé cette topographie, ils avaient laissé par endroits de petites roches et, très occasionnellement, un gros rocher rond appelé bloc erratique. Ces rochers, points de repère dans le paysage, avaient été utilisés par les bisons pendant des siècles pour s'y frotter; après la quasi-extinction de ces bisons, c'est le bétail qui s'y était frotté dans un paysage vide d'objets sur lesquels frotter une démangeaison ou chasser les insectes.

Je commençai à comprendre que c'était l'un de ces blocs erratiques que je cherchais.

Je descendis une crête et aperçus un de ces rochers au loin, mais je savais que ce n'était pas le bon. J'en vis un autre, qui n'était toujours pas le bon. À ce moment de ma vie, je m'étais vouée à la poursuite de ces étranges idées, tout en reconnaissant qu'elles étaient curieuses. Une partie de moi luttait pour assujettir mes doutes; qu'avais-je à perdre? Peut-être étais-je sur le point d'apprendre une chose d'importance; j'avais perdu trop de temps dans ma vie à nier ce que je ressentais; je ne le ferais plus. Une partie de moi doutait, riait de ma folie; une autre continuait dans sa certitude, suivant sereinement ce qui lui semblait être du moins véritablement l'appel de quelque chose d'autre que moi-même.

Je grimpai le long d'une autre haute crête, redescendis de l'autre côté, et je sus immédiatement que là se situait le rocher que je cherchais. J'eus soudain peur. J'hésitai longtemps; plus d'une fois je m'éloignai et fis quelques pas vers la maison. *Pourquoi est-ce que je fais cela? Il y a quelque chose d'effrayant ici. C'est fou. Je retourne à la maison.* Je ressentais, sans aucun doute, une force qui agissait sur moi pour me faire sentir qu'il fallait me rendre à ce rocher, et parce que je le sentais, j'avais peur. Mais je ne vis ni n'entendis rien d'inhabituel. Chaque fois que je voulais rentrer, je me retournais et faisais face au rocher. *De quoi as-tu peur? Il n'y a rien là pour te faire du mal. Tu t'imagines des choses.*

Enfin, je pris mon courage à deux mains et redescendis en courant la crête, de l'autre côté de la ravine, et remontai en partie l'autre colline jusqu'à ce que j'atteigne le rocher, me sentant pousser l'air pour y parvenir, et me disant : *Pour une fois dans ta vie, prends un risque, sois brave.*

Le rocher était particulièrement beau, d'un beige pâle qui se colorait jusqu'au rose par endroits; dans ses angles il avait été frotté par le bétail au fil des ans, et avait même pris un lisse lustre mauve. Je ne sais pourquoi ce rocher était le bon. Je puis seulement deviner qu'il m'était destiné comme repère pour ce que je trouverais ensuite. Après avoir étudié le rocher pendant un bon moment, ayant épuisé ses possibilités, je commençai à marcher le long de la crête aplatie où je l'avais trouvé. Je commençai à repérer des cercles de pierre. Il y en avait environ une douzaine d'étendus en un méandre du point le plus bas au point le plus haut. Deux d'entre eux n'étaient que des demi-cercles, et tous, sauf les demi-cercles, étaient orientés vers le sud-ouest. Je marchai le long du point le plus bas, où j'avais trouvé le premier, jusqu'au point le plus haut, les découvrant l'un après l'autre, remarquant les petits cairns qui ornaient certains d'entre eux à leur périmètre, les diamètres variés des cercles. Au plus haut point, il n'y avait que de l'herbe.

Je m'approchai du plus petit cercle de pierres, qui ne faisait pas plus de six pieds de diamètre et dont l'extérieur était agrémenté de trois rangées de pierres recouvertes de mousse épaisse. J'y pénétrai — ces cercles avaient tous ce qui semblait être des entrées — et demeurai au centre à regarder, de ma position élevée, vers les collines du sud-ouest. Je ressentais une compulsion, un dur désir d'être plus près de la terre. Je m'agenouillai, mais lorsqu'on s'agenouille, seule une petite partie de notre corps touche la terre, alors je m'assis, mes jambes étirées devant moi. Je sentis — c'était toujours le même scénario : une partie de moi se sentait ridicule, et une autre était déterminée à faire ce qu'il lui semblait devoir faire — que quelque chose arrivait, qu'une certaine force m'enseignait à être tranquille et attentive, alerte.

Il me semblait qu'était requis quelque humble hommage parce que j'étais privilégiée d'être au milieu d'une si grande beauté, et que je sentais la vivante force de la nature, une force que je ne pouvais nommer, décrire ou comprendre. C'était un moment d'une importance primordiale, et je finis par m'y donner entièrement. Je sentis que la chose à faire était de rendre hommage aux quatre points cardinaux, ce que je fis en me situant face à chaque point pendant un moment de tranquillité, tout simplement. Après quelque temps, je quittai la colline, le champ, et m'en retournai chez moi.

Je ne savais pas à ce moment que les quatre points cardinaux étaient une composante importante dans la tradition religieuse des peuples des Plaines. Je ne savais pas que ces cercles de pierre étaient peut-être les témoins de cérémonies spirituelles. Je restai tranquille et obéis à ce qui me guidait. J'ai déjà dit que je ne crois pas avoir de sang indien et que je savais très peu, à cette époque, des croyances et cérémonies des Premières Nations. Toutefois, en raison d'expériences semblables, il me semblait avoir été portée vers leur monde au moment où j'essayais de comprendre le mien.

Je suis tout à fait consciente des discussions sur l'appropriation culturelle et sur les fossés entre les cultures ou entre la conscience médiatisée et l'expérience immédiate de siècles d'oppression et de souffrance endurées par les Premières Nations, une expérience que je n'ai pas (bien que je doive mentionner que le côté français de ma famille n'a toujours pas oublié son expulsion par les Anglais de l'Acadie en 1750, car ses ancêtres étaient des déportés).

Je ne veux pas outrepasser mes droits, je ne veux pas revendiquer des choses auxquelles je n'ai pas droit et que je ne comprends pas parce que mon histoire est différente de celle des Nations des grandes Plaines. En fait, bien que je croie aux esprits et aux dieux de la région, j'évite la théologie, même féministe. Plutôt que de reconstruire ou de copier les croyances des Premières Nations, je préfère croire que cette compréhension du monde des esprits de la nature elle-même, vient de la terre.

Au cours de mes lectures, j'étais tombée sur un auteur qui

affirmait que les Premières Nations considéraient la région des Cypress Hills comme sacrée. Cela ressemblait trop au romantisme européen pour que j'y accorde quelque attention que ce soit; toutefois, je lus cette même affirmation sous la plume de Dickason, qui ne citait pas sa source : « Les Cypress Hills, près de l'endroit où la frontière internationale entre l'Alberta et la Saskatchewan serait plus tard tracée, étaient une région sacrée pour les Amérindiens, où des tribus hostiles pouvaient camper ensemble paisiblement. » Isaac Cowie, dans *The Company of Adventurers*, affirme sans équivoque : « Si loin que la mémoire et la tradition des Cris s'étendent, ces Cypress Hills avaient été un terrain neutre pour les nombreuses tribus. Que cette terre ait été sacrée, était, selon mon expérience, tout à fait plausible. » Lorsque récemment, un collègue chercheur me confia que les vieux Stoneys (Assiniboines) en Alberta lui avaient dit que leur tradition orale en faisait mention, je ne m'en étonnai pas.

Dans l'intense chaleur de l'été, les champs apparaissent comme un mirage au-dessus de l'horizon, une colline herbeuse suivant l'autre, identique à l'autre. Avec le ciel — infini et brûlant — flottant au-dessus de ses épaules, une femme se sent libre, ou alors elle se sent sur les genoux de Dieu, se sent la tête posée contre sa poitrine, ressent dans la caresse quotidienne du vent son haleine sur sa joue, et dans la brûlure du soleil, son feu, qui peut réconforter ou détruire. Comment vivre autrement ici sans devenir folle? Et l'hiver, les collines bleues, glacées et lustrées, le froid sec et éclatant, suggèrent des images de couteaux et de coupures, d'os et de mort.

Ainsi, lorsque je regardais les collines ondulantes et les plaines herbeuses, je commençais à voir, au lieu du vide, une présence; je commençais à voir non seulement le paysage visible, mais l'invisible, un paysage dans lequel l'histoire qu'on n'a pas notée, dont on ne se souvient pas, s'est transformée en une omniprésente dimension spirituelle.

SAVOIR

Lorsque je décidai d'épouser Peter et de vivre à la campagne, je m'attendais à apprendre des choses et à connaître des gens. Ce que je n'avais pas prévu, c'était que mon nouvel environnement me transformerait fondamentalement, car je ne m'étais pas arrêtée au fait qu'un environnement puisse essentiellement transformer une personne. Je n'avais pas considéré l'ingrédient premier de la vie rurale : cette vie prenait place au milieu de la nature; la nature s'infiltrait dans les vies des gens vivant en région rurale, et cela était, plus que toute autre chose, l'élément qui séparait les véritables gens de la campagne de ceux des villes. Il me faudrait moi aussi me réconcilier avec l'idée d'une vie vécue dans la nature, ce que je ferais au fil des années et, peu à peu, cette solitude insondable et ce sentiment d'aliénation qui ternissaient mes jours se dissiperaient. Il manquait quelque chose à ma compréhension du monde, et cette nouvelle compréhension engageait plus que de nouvelles gens et plus que mon intellect; elle était physique, somatique, un mélange de lieux et de personnes.

À mon arrivée, je ne savais pas ce que la nature était dans son essence; je ne l'avais pas conceptualisée comme ayant une essence. Si, d'un côté, j'avais quelque intuition que nous faisions tous partie de la nature, je nous voyais aussi — nous, les êtres humains — comme étant essentiellement différents du reste de la nature.

Je ne voyais la nature que par ses effets, d'un point de vue sujet-objet. Je connaissais, bien sûr, les conséquences dramatiques de la nature-comme-objet sur la vie humaine : la sécheresse ou la grêle qui tuaient les récoltes, les tornades qui démolissaient les édifices, les blizzards de printemps qui tuaient les veaux, les éclairs qui fendaient les poteaux de clôtures, démarraient des feux de prairie et tuaient les chevaux et le bétail.

Je n'entretenais aucun doute sur la réalité des conséquences moins facilement décrites, mais assez évidentes, de la nature sur la psyché — les émotions, le cœur —, des vastes horizons, des couchers de soleil, des aubes, d'une vue dégagée de la lune et des étoiles toutes les nuits, de l'air transparent, frais. Tout cela, je le subsumais en un paisible et bel environnement, comme la plupart des gens le font : la nature comme arrière-plan, comme vue, comme paysage.

Enfin, j'avais entendu parler des effets subtils et rarement commentés d'une vie dans la nature, comme les relations des humains avec des animaux sauvages, voire avec des endroits — des champs, des collines, des marécages — ou avec des pierres des champs, des ravines ou des arbres. Je savais que, là où ces relations se développent, la méthode, les techniques, les manières de les développer n'avaient pas de nom, pas de représentation dans les annales scientifiques ni d'existence parmi les descriptions socialement acceptées du monde. On les nommait parfois intuition, et la connaissance ainsi acquise, les relations ainsi établies, je les avais situées dans le royaume du mythe, dans le sens premier du mot. Je ne les rejetais pas complètement. Je les associais à un temps du rêve, au temps jadis, ou seulement aux Aborigènes qui vivaient toujours une vie traditionnelle; je n'avais pas considéré une compréhension de la nature et du monde par la nature comme une possibilité pour les gens que je connaissais, et encore moins pour moi.

Ces relations non traditionnelles — avec des animaux sauvages, avec des endroits physiques — ne sont probablement pas vécues universellement par les gens des régions rurales. Par exemple, il y a des femmes vivant sur des fermes qui ne vont pas dehors plus souvent que les femmes des agglomérations urbaines, et certains agriculteurs ultramodernes utilisent de la machinerie si grosse qu'elle ressemble à des engins de *La Guerre des étoiles*, une machinerie qui requiert un environnement contrôlé artificiellement, comme dans les édifices modernes des villes. Ce sont des facteurs qui contribuent à séparer l'agriculteur de la nature. Notre perception de la nature est d'une importance décisive, selon qu'on la voit comme un bien foncier, comme une ressource, plutôt que comme une extension de soi, ou que l'on se voit comme une extension de la nature, elle-même une créature, mais plus grande, avec ses propres besoins et désirs, et sa manière d'être dans l'univers. Notre degré d'acceptation de la nature compte pour beaucoup dans la perception des effets de la nature.

Je comprends maintenant quelque peu ces manières de savoir, mais elles ne m'étaient pas évidentes après une semaine, un an, ou même cinq ans de vie dans la nature. Je crois également que ces relations sont si subtiles qu'elles passent inaperçues pour la majorité, même pour ces gens des milieux ruraux qui en font peut-être l'expérience quotidiennement. Nés dans cette vie, n'en connaissant pas d'autre, comment peuvent-ils savoir qu'ils ont l'expérience de choses que les gens des centres urbains ne connaissent pas, que pour le monde urbain, ces choses n'existent pas, n'arrivent pas, doivent être classifiées comme de la folie, des bêtises, ou des idées romantiques? Comme on ne parle pas de ces choses, il est difficile de savoir qui en est conscient et qui ne l'est pas; j'en suis venue à croire qu'il faut quelque chose de plus que la seule présence de quelqu'un dans une maison au milieu d'hectares de terres inhabitées pour que cette conscience se développe.

Occasionnellement, lors de conversations, je me rendais compte de l'immense différence entre une personne âgée qui a vécu l'essentiel de sa vie à la campagne et quelqu'un de la ville : par exemple, il lui semble incompréhensible, incroyable que l'on puisse vivre toute une vie sans jamais voir les étoiles. Chez une telle personne, cependant, ces effets étranges, quoique remarqués, ne sont pas mis en mots, ne sont pas le sujet de conversations. Et ce dont on ne parle pas, ce à quoi on ne donne pas une existence en le mettant en mots, peut toujours être nié et relégué au royaume de la folie.

Parce que j'étais solitaire et que je me trouvais au milieu d'une profonde crise spirituelle, je me tournai vers ma vie intérieure et devins hyperconsciente de mes propres sentiments et sensations. Parce que j'avais perdu pied dans le monde et que j'avais commencé à douter de mes connaissances — parce que j'avais perdu toute mon assurance —, je les remarquai, les acceptai pour ce qu'ils semblaient être. Dans un monde qui avait perdu son sens, je m'accrochais à mes perceptions; je les étudiais; je ressentais l'action de ces forces subtiles sur moi. Me sentant seule dans la nature, me tournant vers elle comme l'on se tourne vers une personne, je devins sensible aux aspects mythiques de la nature, aspects dont je n'avais aucune compréhension rationnelle.

Je passai les quatre dernières années précédant ma vie en campagne à travailler et à étudier dans un grand édifice à l'environnement artificiel. Bien que j'y fisse mes allers et retours à pied la plupart du temps et vécusse dans une maison avec une cour plutôt que dans un appartement, je passais beaucoup moins de temps dehors que maintenant, et quand j'étais dehors, je ne passais pas mon temps dans la nature en son état naturel, mais dans les parcs de la ville ou dans les jardins des cours arrière. Je ne me souviens pas m'être sentie déphasée de mon être physique pendant ces années de travail dans un bureau.

Un printemps, je fus invitée à passer quatre jours à donner des ateliers et des lectures dans les écoles secondaires de Calgary. Je n'étais pas entrée dans des édifices d'une telle grosseur depuis des années, et je fus surprise de découvrir à quel point ils m'étaient inconfortables. Dans ces édifices, je ressentais une perturbation de ma façon habituelle de percevoir l'environnement externe. Je me sentais coupée de mon être physique. C'était comme si mon corps ne se terminait pas après tout avec la surface de ma peau, et que quelque invisible partie extérieure était subtilement perturbée par la machinerie de l'édifice. Je me sentais vibrer imperceptiblement avec la machinerie — je ressentais cela dans les aéroports également — comme si je ne pouvais localiser mon moi dans mon corps parce que les édifices (le chauffage central, l'air climatisé, les fluorescents) perturbaient mon fonctionnement habituel à l'air libre. Quitter ces édifices à la fin de chaque journée me procurait un énorme soulagement. Je ne pouvais m'empêcher de penser à tous ces jeunes qui grandissaient principalement à l'intérieur de ces édifices, ignorant que ces édifices faussaient, voire détruisaient un aspect de leur humanité. Je n'avais pas réalisé à quel degré j'avais physiquement changé en vivant loin de ces édifices.

Depuis dix-sept ans maintenant, chaque matin au réveil, après notre déjeuner commun, Peter, l'homme rural, travaille dehors, quelle que soit la température, pendant que moi, retenue par les tâches ménagères ou la température ou quelque travail dans mon bureau, je ne sors le matin qu'à l'occasion. Bien que je sois reconnaissante d'avoir une plomberie moderne et une toilette à chasse d'eau, d'une certaine façon, les nombreuses excursions quotidiennes obligées me manquent, en particulier celles du milieu de la nuit. Elles me gardaient en contact avec le monde naturel, le temps, le soleil, la lune et les étoiles. Il me semble que je ressentais le monde différemment, alors qu'aujourd'hui je choisis quand sortir et quand rester à l'intérieur.

Je pense aux Aborigènes, dont toute la vie était en interaction avec la nature. Il me semble désormais évident que de vivre directement sur la terre, comme les gens des Premières Nations le faisaient, en étant en contact constant, direct avec le monde naturel, dans des tipis plutôt que sur des planchers de ciment soulevés du sol par des sous-sol de ciment, devrait faire de qui que ce soit un être différent.

Il y a quelques années, Peter et moi nous rendîmes au Nouveau-Mexique, où nous visitâmes quelques-unes des habitations des Anasazi. À l'un des sites, la société historique locale avait installé plusieurs sortes de maisons construites par les Premières Nations de la région, que les visiteurs pouvaient visiter. L'une de celles-ci était un tipi et une autre consistait en une excavation profonde jusqu'à la taille, couverte d'un toit fait de perches et de broussailles soutenu par de solides poteaux. Autour de son périmètre se trouvaient des bancs d'argile. Je me demandai comment on se sentait à vivre dans de telles habitations : y dormir, y manger, y recevoir, y donner naissance, y être malade, y mourir.

La journée était avancée, et Peter et moi y étions seuls. Peter s'éloigna, et j'entrai dans chacune des habitations. J'essayai de barrer toute mémoire ou sentiment de la maison que j'avais quittée et du motel où j'entrerais bientôt. J'essayai de me mettre à l'écoute de toutes les perceptions de mon être physique, j'essayai d'être entièrement dans le moment, de ne ressentir que ce qui se passait à ce moment et de m'imaginer ces endroits comme étant ma seule maison. C'était difficile à accomplir, mais cet acte d'imagination était censé être ce à quoi excellaient les écrivains. Je découvris ne pouvoir maintenir ce sentiment que pendant un moment, mais ce moment était suffisant pour me permettre de faire une découverte.

Je sus immédiatement que je ressentais mon corps différemment. Je me sentis, pas exactement plus lourde, mais physiquement plus substantielle; je me sentis plus solide, et l'air autour de moi me semblait plus réel, plus intense, plus personnel. Peut-être devrais-je dire que je me sentais plus liée à l'air, à la terre, et que ces deux sensations étaient physiques, c'est-à-dire que je les ressentais avec tout mon corps, et pas seulement comme un phénomène psychique.

Je ne puis parler que de mes propres expériences, et je ne sais si je suis différente, bien que j'en doute. À ce moment-là, je faisais un effort conscient pour examiner ce que je ressentais, quelque chose dont la plupart des gens ne se préoccupent pas; pourtant, si plus de gens se préoccupaient de leurs sensations et sentiments — et pouvaient comparer leurs expériences variées —, nous pourrions alors commencer à établir les paramètres de tels phénomènes. Je ne suggère pas ici qu'il y ait quoi que ce soit de métaphysique à cette sensibilité. Cette subtile mais nette expérience physique constitue une démonstration d'un champ de perceptions somatiques — une manière de connaître le monde — que, selon moi, la vie urbaine a émoussées, sinon détruites.

Mais ma vie dans la nature avait en quelque sorte ouvert ma psyché à d'autres phénomènes. Cet effet, je le situe dans le domaine de ce qui permet de produire des rêves significatifs, et qui rend une personne plus intuitive — dont la nature, quelle qu'elle soit, a à voir avec la sensibilité au monde naturel. La plus inexplicable circonstance dans ce domaine psychique (en ne comptant pas les rêves) fut celle-ci : j'ai mentionné que pendant quelque temps, certains livres semblaient littéralement me sauter aux yeux. Pendant la période où cela m'arrivait, je trouvais toujours que les livres qui m'apparaissaient de cette manière — des livres dont je n'avais jamais entendu parler — étaient les livres mêmes dont j'avais besoin à ce moment. Comme je l'ai déjà mentionné, l'ouvrage *Journeys Out of the Body* m'apparut de cette manière et, bien que la curiosité me fit vouloir l'acheter, je me dis que mon interprétation était ridicule, quoique valorisante, et que je ne devais pas gaspiller mon argent. Je sortis du magasin sans l'ouvrage pour retourner dix minutes plus tard, un peu gênée et plutôt exaspérée, pour l'acheter.

Je l'apportai dans le centre commercial et m'assis sur un banc pour le lire pendant que j'attendais — comme toutes les épouses d'agriculteurs — que mon conjoint revienne de sa chasse aux parties mécaniques de machines agricoles. Pendant que je sortais du magasin avec l'ouvrage en main, une sensation étrange se développa dans mon plexus solaire, une sensation que je considérais comme une douleur, même si elle ressemblait davantage à une forte crampe. Je n'avais pas d'autres sympômes : pas de fièvre, pas de sueurs ou de coeur qui bat la chamade, ni nausée ni problème d'estomac, seulement cette puissante crampe, parfaitement inconfortable, comme un poing fermé dans mon plexus solaire.

Je m'assis et commençai à lire, mais il me fallait changer continuellement de position pour soulager ma crampe. Quelle que soit ma position, que je sois assise bien droite ou avachie, que je me tourne d'un côté ou de l'autre, la crampe persistait, mais elle n'empirait pas. Je commençais à penser aux médecins et aux hôpitaux lorsque j'arrivai à la page vingt et un de l'ouvrage de Robert Monroe, qui décrivait la même crampe tord-boyaux, la même déroutante absence de cause. C'en était à faire dresser les cheveux sur la tête.

Vingt minutes plus tard, la violente sensation s'était apaisée. Je connus de nouveau cette sensation un mois plus tard dans mon lit, alors que j'oscillais entre un état de veille et le sommeil. Cette fois-ci, la sensation n'avait duré que quelques minutes, mais elle était beaucoup plus forte, et je me demandai comment Monroe avait pu supporter la sienne pendant les douze heures qu'elle avait, selon lui, duré.

Je ne sais toujours pas à quoi l'attribuer, et quel en était le but, si but il y avait; la douleur n'avait de toute manière pas refait surface. Monroe n'avait pas non plus d'explication. Il remarquait seulement que « c'était le premier événement hors de l'ordinaire » avant que surviennent ce qu'il nommait les voyages hors de son corps. Moi-même je n'ai jamais eu l'impression d'avoir une expérience hors de mon corps. Je mentionne cette expérience déroutante, initialement prémonitoire comme elle semble l'avoir été, parce que le plexus solaire semble être l'un de ces endroits de notre corps où — outre les sens visuel, auditif, olfactif, gustatif, tactile — une sensibilité à l'expérience, au monde hors de notre corps, pourrait exister. La question est : quelle sorte d'expérience? Est-elle seulement somatique, c'est-à-dire une sorte d'habileté somatique étendue, ou est-elle psychique, ou une combinaison des deux? Ou n'était-ce qu'une occurrence isolée, étrange, n'ayant rien à voir avec quoi que ce soit?

Plus tôt, j'ai décrit une sensation particulière dans ma poitrine, ressentie lorsqu'il me semblait connaître une chose — le grattoir que mon ami avait ramassé — avant d'appréhender avec mes sens la nature de cette chose. Je savais également que l'objet que je n'avais pas encore vu était spécial; je le savais parce que je ressentis une résonnance basse dans ma poitrine, que je perçus comme une ouverture oblique, comme un soudain rayon de lumière dans la noirceur. De là, la connaissance rejoignit mon cerveau puis fut confirmée par mes yeux. Avant, dans mes romans et mes nouvelles, je décrivais parfois des personnages reconnaissant le sens d'un événement par un fracas silencieux dans leur poitrine; après l'événement dont je viens de parler, j'ai réalisé que je devais avoir inconsciemment intégré cette manière de connaître depuis longtemps.

En fait, l'expérience avec le grattoir me fit penser au Bochiman Dabe dans *Le monde perdu du Kalahari*, informant Laurens Van der Post que les autres Bochimans, à des milles de leur camp dans le désert, savaient déjà que Dabe et les chasseurs l'accompagnant avaient tué un éland du Cap. Dabe expliquait la capacité de son peuple de communiquer à distance en la comparant au télégramme du Blanc, dont il disait que les Bochimans l'avaient dans leurs poitrines. Lorsque Van der Post et les chasseurs étaient retournés ce soir-là, ils avaient découvert que les Bochimans restés au camp connaissaient déjà le résultat de la chasse, ayant fait les préparatifs pour fêter une chasse victorieuse, ce qu'ils n'auraient pas fait autrement. Il n'y avait aucune autre manière de savoir qu'un éland du Cap avait été tué, à des milles dans le vaste désert.

Il se peut que ce que j'avais resssenti dans ma poitrine ait été un avatar d'une manière de savoir que les Bochimans n'ont jamais perdue et qu'ils ont si bien développée qu'ils peuvent la soumettre à leur volonté pour obtenir des informations comme nous utilisons le téléphone ou la poste. Si nous prenions au sérieux cette possibilité et que nous faisions l'immense effort requis, nous pourrions retrouver cette manière de savoir.

Il n'y a pas si longtemps, marchant dans la prairie, je faillis marcher sur une couleuvre, qui avait levé sa tête tout en se lovant, puis s'était immobilisée, attendant mon attaque ou ma retraite. Je ressentis un choc : la peur et quelque chose qui pouvait être du plaisir m'envahirent. Étrangement, ces sensations venaient du bas de mon abdomen, de mes entrailles, et cela prit un moment avant de réagir : mon intellect — « Mon Dieu, un serpent! » —, mon pouls qui s'accélérait, les sueurs, et ainsi de suite. Le lendemain, me rappelant l'incident, je me rappelai la suprenante et puissante sensation dans le bas de mon abdomen, plutôt que le martèlement de mon coeur, ou même les tremblements ou cris qui ne vinrent pas, la sensation abdominale ayant dominé mon choc.

Penelope Shuttle et Peter Redgrove, dans leur fascinante étude du cycle menstruel et de ses implications mythiques et réelles, *The Wise Wound : Menstruation and Everywoman*, remarquent que « l'utérus est tapissé de nerfs sensoriels ainsi que de plusieurs filaments dont la fonction n'est pas connue, comme s'ils alimentaient un élément inconscient — il est probable que tout ce que les tissus corporels ressentent est accessible d'une manière ou d'une autre à notre conscience ».

Je crois que des régions du corps autres que celles liées aux cinq sens peuvent saisir de l'information sur le monde qui souvent ne passe pas par les sens reconnus. Bien que la plupart d'entre nous, Nord-Américains, n'y croient pas, d'autres cultures du monde croient en l'existence et en l'efficacité de l'une ou l'autre de ces régions du corps, et s'en servent pour d'utiles cueillettes d'information, les Bochimans de Van der Post étant l'un de ces groupes. Par ailleurs, de nombreuses histoires courent sur l'accès des saints de l'Inde et du Tibet à des sensations qui ne passent pas par les cinq sens.

De plus en plus, je pense que nos prouesses technologiques ont devancé et, dans certains cas, détruit les capacités humaines que les gens en contact avec la nature ont maintenues. Ce serait de peu de conséquences si la technologie améliorait la vie et nous amenait de grandes choses, mais elle détruit le monde naturel, et nous fait perdre un aspect de notre humanité.

Après tout, nous faisons aussi partie de la nature. Pourquoi ne serions-nous pas capables d'être plus à son écoute que ce dont nous avons souvenir dans nos vies urbanisées, mécanisées, vécues à l'intérieur? Si, dans un environnement naturel, nous sommes réceptifs à de nouvelles sensations, n'attendant que ce qui arrivera, rien de plus ou de moins, et que nous acceptons de telles sensations comme étant réelles et qu'elles nous permettent de soutirer de l'information du monde et d'élargir la compréhension de notre place dans la création, alors cette pratique vaut la peine d'être poursuivie. Il se peut que la plupart des gens soient si tendus, si bombardés par les stimuli externes, si incrédules, et si matérialistes qu'ils ne remarquent pas l'intuition lorsqu'elle les frappe. Si nous passons plus de temps seuls dans la nature, il est possible que nos capacités intuitives — une autre manière de cueillir de l'information sur le monde — se renforcent.

Je marchais tous les jours. J'étais dans une position que peu de gens — particulièrement les femmes — ont eu la chance de vivre : j'étais seule, je ne connaissais pas le danger que certaines rencontres peuvent apporter, j'étais sans patron ou même emploi, sans enfants de qui m'occuper, sans famille, sans problèmes personnels, sans engagements ou plans. C'était la première fois depuis mon enfance que je connaissais une telle liberté.

Lorsque je commençai à faire mes promenades en nature, c'était après une longue période de concentration, en des moments où j'étais trop fatiguée pour penser, ou encore quand j'avais rencontré un problème que je croyais mieux résoudre après une pause. J'étais presque toujours songeuse; j'étais habituellement perdue dans mes pensées, et j'avais de la difficulté à me concentrer sur le seul fait d'être dans la nature. À mon retour à la maison, je sentais que j'avais gâché ma promenade à être perdue dans mes pensées.

Un soir, au début du printemps, je marchais sur une étroite et poussiéreuse route de campagne pressée entre la rivière et un champ d'herbes sauvages. J'étais seule et je marchais depuis déjà plus d'une demi-heure lorsque, pour une raison ou pour une autre, je me retournai pour voir un animal sautillant à travers les herbes hautes. Je pensai : « Oh! un kangourou » et regardai de nouveau devant moi. Puis il me vint à l'esprit que l'animal ne pouvait être un kangourou, et je me retournai de nouveau, m'attendant à voir un renard ou un coyote.

C'était bien un animal à quatre pattes qui se tenait sur ses pattes de derrière pour voir au-dessus des hautes herbes. Ce devait être un jeune animal parce qu'il sautillait avec la joie d'un enfant; il semblait jouer, mais je savais, puisque c'était le coucher du soleil, qu'il devait être en chemin vers la rivière afin de boire. Il se déplaçait vers des herbes plus courtes, et lorsqu'il me vit le regarder, il s'arrêta un moment de sautiller.

J'essayai de l'identifier : la configuration de ses oreilles et de sa tête n'était ni celle d'un renard ni celle d'un coyote; l'animal était d'ailleurs trop gros pour être un renard; il se déplaçait d'un manière qui n'était pas celle des coyotes. Je continuai de le regarder, attendant qu'il change de position pour me convaincre d'avoir fait erreur, que c'était bien l'un ou l'autre. Mais il ne bougea pas, et je reconnus enfin mon premier lynx vivant. Et je pensai, comme il ne montrait aucun signe de crainte, même lorsque je frappai dans mes mains, qu'il regardait son premier être humain.

J'avais été plongée dans une rêverie en voyant cet animal, et, pendant un moment, j'avais oublié où j'étais, pensant regarder un kangourou, alors que j'étais dans les Plaines canadiennes. Voilà à quel point j'étais retranchée du monde autour de moi. Je considérais de plus en plus que si j'avais eu la chance de remarquer certaines choses du monde naturel en raison de mon état malheureux et de ma vulnérabilité conséquente, j'avais reçu un don, et je jetais ce don par-dessus bord si je n'accordais pas d'attention à mon environnement. J'essayai encore plus de concentrer mon attention.

À la longue, ayant vagabondé dans presque toutes les directions à plusieurs reprises, je ne pouvais décider dans quelle direction aller — aucune direction n'était plus intéressante qu'une autre, aucune ne semblait être la bonne; je m'arrêtai et attendis de me sentir attirée par une direction. Je me concentrai, non pas sur ce qui se passait dans mon cerveau — activité que j'essayais sérieusement de supprimer —, mais plutôt sur ce que je ressentais dans mon corps, et particulièrement dans mon abdomen, plus précisément mon plexus solaire.

Cette pratique m'amena à la première de mes étranges expériences dans la prairie, celle pendant laquelle je découvris les cercles de pierres — durant laquelle je me sentis attirée par ces cercles, et durant laquelle je reconnus simplement le pouvoir que j'y trouvai. Après une telle expérience, qui me semblait complète en elle-même, je ne pus douter de la pertinence de mon approche, et je l'incorporai dans mes promenades quotidiennes. Je me mis à l'écoute de cette étrange expérience perceptive qui venait je ne savais d'où, pour laquelle je n'avais pas de nom, et qui exigeait de moi une quiétude, une intense vigilance, et si ce n'est un rejet de la volonté, du moins une reddition devant une volonté plus grande.

J'essayais de ne penser à rien d'autre qu'à la terre de la route, l'herbe qui la bordait, les pierres, les champs s'étendant de chaque côté, les éperviers décrivant des cercles au-dessus de ce paysage, le chant de l'hirondelle des champs ou du carouge à épaulettes, le bruit du vent dans l'herbe, un rocher particulier perché sur le flanc d'une colline. Je découvris que cela exigeait de la concentration, et un constant rappel de mes pensées vers mon environnement du moment.

Je me souvenais d'un passage que j'avais lu des années auparavant dans *Histoires de pouvoir* de Carlos Castañeda. Don Juan avait dit à Castañeda qu'il devrait apprendre à faire cesser son « dialogue interne », arrêter le bourdonnement de l'esprit conscient, avec ses pensées papillonnantes, faire cesser l'interminable bavardage intérieur. Don Juan expliqua à Castañeda que ce dialogue interne structure constamment le monde pour nous, et que, sans lui, nous nous trouverions dans un endroit différent, nous ferions l'expérience d'un monde transformé. Il lui donna à cette fin un exercice à faire pendant qu'il marchait. Castañeda, un élève récalcitrant, trouva la tâche difficile : c'est une tâche à laquelle il échoua, dit-il, pendant des années. Mais un jour, marchant seul dans une rue urbaine, il découvrit soudain qu'il avait réussi à stopper le dialogue interne.

Il ne m'était jamais arrivé de penser qu'une telle chose fût possible, et encore moins qu'elle fût désirable, mais dans ma difficulté à me concentrer, j'essayai cette tactique, qui fonctionna, même pour moi. Je ne pouvais soutenir l'exercice que quelques secondes, car j'arrêtais de respirer, une réaction qui imposait une sérieuse limite de temps.

Ce que j'essayais de reproduire, ce calme intérieur, ressemble à la méditation formelle. J'avais essayé la méditation traditionnelle, par moi-même, sans enseignement ou participation à des cours, et je l'avais trouvée non seulement difficile, mais extrêmement irritante. J'avais utilisé l'approche classique : j'étais calmement assise, seule dans une pièce, les yeux fermés, dans un silence absolu. J'en avais conclu que si la méditation était excellente pour certaines personnes, elle ne m'était de toute évidence pas appropriée. Et pourtant, à un atelier pour écrivains, un été, j'avais suggéré aux membres d'un groupe d'essayer « d'arrêter leurs pensées » comme je l'avais fait, afin de se concentrer sur un problème d'écriture particulier. J'avouai que j'avais abandonné mes essais de méditation. Un autre professeur de création littéraire, qui avait une longue et solide expérience de la méditation, m'avait dit après coup qu'il avait ri lorsque j'avais mentionné avoir abandonné la méditation parce que ma description de l'arrêt des pensées était en fait une excellente description de la méditation.

L'atteinte d'états altérés de conscience peut être envisagée dans d'autres buts que celui de retourner son regard sur soi à la recherche de Dieu. Mes lectures sur le sujet me conduisent de plus en plus à penser que, par exemple, les meilleurs chasseurs Aborigènes sont de toute évidence dans des états altérés de la conscience lorsqu'ils attendent puis traquent le gibier, et que ces états sont induits par une intense concentration sur la tâche à accomplir, à l'exclusion de tout autre stimulus. Même les moments d'absorption absolue de l'artiste face à son oeuvre prennent place durant des états altérés de consience et peuvent être considérés comme de la méditation. On pourrait dire la même chose de chirurgiens, d'ébénistes, de pêcheurs ou d'enfants apprenant à écrire.

Ces étranges expériences, bien qu'isolées, espacées par de longues périodes peu mouvementées, me semblaient être parties d'un tout que je n'avais jamais remarqué avant, ou même imaginé, qui avait à voir avec une manière de comprendre le monde et de l'habiter. Grâce à ces expériences, je commençai à approcher la vaste prairie comme les gens approchent une église ou un chef-d'œuvre — avec un sentiment de révérence devant un mystère. Une fois que j'avais connu une expérience étrange dans la prairie, comment ne pas l'approcher de cette manière, si je devais l'approcher? Si la nature a quelque chose à nous enseigner, cela a à voir avec notre vulnérabilité, notre incapacité de maîtriser, voire de comprendre cette terre sur laquelle nous sommes tous nés. Avec cette humilité grandissante face à l'inconnu, le sentiment d'être en présence de quelque puissante conscience grandit également.

Je devins circonspecte, pensant : *Et si je marchais dans l'esprit d'une créature* — qu'on la nomme ce qu'on veut — *et si la terre était vraiment un être vivant et ma présence ici n'était que tolérée? Si j'apprends des choses sur moi-même et que j'extrapole de ces choses pour appliquer mes connaissances au monde naturel et à sa nature, alors il me revient de marcher prudemment, de concentrer mon attention, de montrer mon respect grandissant de toutes les manières possibles.*

J'arrêtai de cueillir des fleurs; je marchais autour des pierres au lieu de marcher sur elles; si je ramassais une roche pour l'étudier, je la remettais autant que possible au même endroit et dans la même position. Je ne regardais pas les plantes, lichens ou roches, je les étudiais. Je pratiquais le calme intérieur afin d'entendre, de vraiment entendre le vent, le chant des oiseaux, et de tout ce qui était dans l'air. Cela me demanda un effort inimaginable, et j'échouai plus de fois que je ne réussis, mais je persistais, armée d'un besoin et d'un sentiment de découverte. Qu'est-ce que la vie? me demandais-je. Pourquoi suis-je ici? Ou même n'importe où? Quel est le sens de ces pierres, de cette herbe, de ce paysage? J'espérais, si j'écoutais et regardais assez attentivement, si j'étais assez calme, que les réponses filtreraient à travers moi.

Un jour froid et humide de printemps, j'étais sur le flanc rocheux d'une colline, assise sur l'herbe mouillée, appuyée sur mes coudes, à regarder le paysage autour de moi. Même dans cette région déserte — si ce n'est pas une année de grande sécheresse lorsque les collines menacent de se transformer en falaises Hoodoos et qu'il y a peu d'insectes —, je garde l'impression d'une luxuriance, plusieurs variétés d'herbes et d'arbustes poussant côte à côte, créant un paysage aux multiples textures, motifs, couleurs et tons. Je portai mon regard à vingt pieds, vers un buisson de roses sauvages et de symphorines de l'Ouest, qui poussaient densément dans la crevasse d'une petite ravine, un endroit où je savais que les chevreuils — et les lièvres, lorsqu'il y en avait — passaient la nuit couchés, cachés. J'arrêtai mon dialogue interne pendant une minute (c'est tout ce que j'arrivai à faire avant de me réessayer), un moment durant lequel tous les sons de l'environnement — les oiseaux, les insectes, le vent dans l'herbe ou le ciel — devinrent clairs. J'étudiai ce taillis avec une telle intensité que quelque chose d'étrange m'arriva. Voici un extrait de mon journal, écrit peu de temps après :

J'étais dans le champ en direction nord, étendue dans l'herbe, à essayer de me recentrer. Je bloquai l'activité de mon cerveau conscient — si seulement je réussissais à le faire plus longtemps — et je devins consciente des sons autour de moi : les insectes, les oiseaux, et principalement le vent. Mais cette fois, j'eus connaissance de la conscience qui me quittait, non pas de ces sons qui entraient en moi, mais de moi les rejoignant pour me mêler aux sons de la Nature. Puis je pensai : Cela doit être la technique des chasseurs aborigènes, se mêler à la nature de cette manière, pour ainsi savoir où sont les animaux et ce qu'ils font.

C'est une expérience difficile à décrire; après quelques jours, il me fallait me concentrer lorsque j'y pensais pour ramener son immédiateté. J'avais récemment lu un article sur de telles expériences, écrit par Pamela Colorado, une Oneida qui avait fait ses études doctorales à Harvard, et qui disait qu'elle venait « d'apprendre cela elle-même, (...) avoir la capacité de se projeter à l'extérieur (...) pour voir ce qu'il n'est pas possible de voir ». Elle dit par ailleurs : « C'est une habileté que notre peuple connaît depuis des milliers d'années, et pratique toujours. » Mon expérience suggérait que c'était vrai — que certains Aborigènes possédaient cette habileté, et que l'on pouvait l'apprendre. Réfléchissant à ces remarques, j'essayai de nouveau d'atteindre cet état.

Et je réussis, pendant quelques secondes, mais cela dura assez longtemps pour me convaincre que cela pouvait être fait. Quelques jours plus tard, j'essayai de nouveau — parfois je suis fatiguée ou indisposée, ou je ne suis pas seule, ou encore les conditions ne s'y prêtent pas — et cette fois je crus avoir appris quelque chose de nouveau. Je notai dans mon journal :

Je n'ai pas développé un nouveau sens — j'ai bloqué ceux que j'utilise normalement et je me suis « branchée » sur un sens d'une autre nature, dont je suis certaine qu'il est toujours présent, mais l'omniprésence des autres l'éclipse. Ce qui est important, ce n'est pas de développer ce sens, mais d'apprendre à s'y « brancher ».

J'ai commencé à nommer cet exercice « jeter » sa conscience, quoique je ne me sente pas certaine d'avoir la discipline nécessaire pour être capable d'aller plus loin que ce que j'ai déjà décrit. Mon hypothèse est que cela m'est difficile parce que je n'ai pas besoin de le faire de la même façon qu'un chasseur qui dépend de ses habiletés pour se nourrir. Peut-être que si j'avais appris cette discipline étant enfant, elle me serait plus facile.

Et pourtant, cette habileté ne me semble pas inutile; c'est merveilleux d'être aussi près de la nature pour la connaître comme les Aborigènes. Qui sait, peut-être que même les praticquants urbains d'un tel art pourraient apprendre quelque chose sur le monde naturel et sur la manière dont ils pourraient changer leur attitude vis-à-vis la nature, voire la vie?

Il faut rester calme pour que ces choses arrivent; il faut abandonner ses attentes; il faut cesser de penser que l'on a déjà des connaissances, ou que l'on sait comment les catégoriser, ou que le monde a déjà été expliqué et que l'on connaît ces explications. On ne connaît rien. On ne comprend rien. On n'a que ce que notre propre corps nous dit, que notre propre expérience, dont il nous faut tirer des jugements. On peut avoir mal compris; on peut avoir tort. Montrez-moi, devrait-on dire; j'écoute. Il faudrait approcher le monde comme un enfant qui le verrait pour la première fois. Se souvenir de l'émerveillement. En un mot, rester humble. Alors les choses nous viendraient comme elles ne venaient pas lorsque nous croyions que nous savions.

Je ne prétends pas avoir connu une expérience unique

parmi les non-Aborigènes. Je pense à tous les gens que j'ai connus ayant vécu sur la terre toute leur vie et à ceux — moins nombreux, il est vrai — qui ont toujours eu le désir et le temps de s'asseoir et d'apprécier la nature. Je pense à Peter, pour nommer un exemple de personne vivant près de moi.

Je pense aux premiers jours de notre mariage, lorsque j'étais jeune, avant que mes genoux m'abandonnent, à l'époque où nous passions des jours entiers à cheval, à nous occuper du bétail. Souvent, durant les chauds après-midi, nous nous asseyions dans l'herbe sur un flanc élevé de colline, pendant que nos chevaux broutaient près de nous, somnolant sous le soleil, et nous attendions que le bétail se soit abreuvé avant de le ramener au bercail ou de le déplacer vers le prochain champ. C'était une expérience nouvelle pour moi, et j'y trouvais toujours quelque chose de magique; il me semblait extraordinaire que quelqu'un puisse passer une vie remplie de moments d'une telle paix, d'une telle sérénité.

De fait, Peter avait passé sa vie ainsi, jour après jour à dos de cheval, rassemblant le bétail ou s'assurant que tout allait, sous toutes les températures. Sachant cela de lui, à quel point il était à l'aise dans la prairie, parfaitement chez lui, connaissant sa familiarité avec les habitudes du bétail, des chevaux et des animaux sauvages des Plaines, avec les herbes et le vent, je pensai qu'il pouvait avoir ressenti ce rejet momentané de la conscience presque involontairement. Parce que ce n'était pas dans son vocabulaire et qu'il n'y avait personne autour pour lui en parler, si jamais c'était arrivé, cela n'aurait pas paru étrange à quelqu'un de son expérience, qui l'aurait à peine remarqué et ne l'aurait jamais mentionné. Je lui demandai un jour et il répondit, passablement dans l'embarras (nous avions de la compagnie), et avec sa taciturnité caractéristique, qu'il ne savait pas. Ce qu'il voulait dire, je crois, c'est que ce n'était pas quelque chose dont on parle.

Je lui laissai ses secrets. Mais qui sait ce que le vieux fermier qui ne s'est jamais marié et n'a jamais modernisé sa ferme, qui a passé sa vie dans une cabane usée par les intempéries dans une mer de collines herbeuses, l'ornithologue amateur ou l'écologiste peuvent avoir connu comme expériences, à leur grande surprise, lorsque personne n'y était? Et si quelqu'un comme moi le dit à voix haute, plus de gens admettront-ils avoir connu ce type d'expérience? Par la suite, plus de gens essaieraient peut-être de ressentir ce rejet momentané de la conscience, acceptant par conséquent des changements, et changeant ainsi le monde.

Si j'avais laissé derrière moi un sort — une carrière, une famille, des amis, une vie établie — et m'étais dirigée vers ce qui me semblait un vide dans les sombres profondeurs desquelles je craignais de me perdre irrévocablement, peu à peu, l'aube d'un jour nouveau pointait, et je commençais à ressentir ce que Christophe Colomb avait dû ressentir lorsqu'il avait aperçu les rives du Nouveau Monde : une excitation, une joie, et un soulagement fous. Et ces sentiments devaient comporter une mesure de chagrin pour Colomb, comme c'était le cas pour moi, à découvrir que ce monde était déjà peuplé de gens qui tenaient pour acquis ce qui était pour nous un monde de trésors et de merveilles infinis.

PARENTÉ ANIMALE

Un automne, il n'y a pas si longtemps, lors d'une visite dans le nord au chalet d'une de mes sœurs et de son mari, je fus frappée par les éclats dorés, orangés et rougeoyants de la brousse — qui brillait comme si elle avait sa propre source lumineuse —, éclats qui la faisaient paraître à la fois fragile et flottante. Je ne me souvenais pas de cela. Tous mes souvenirs d'enfance étaient de monotonie menaçante, de terre noire au parfum lourdement aromatique, de hurlements de loups terrifiants au point d'en troubler l'esprit, d'ours rôdant partout. Je grandis avec une peur profonde et primitive des animaux sauvages, apparentée à celle des hommes des cavernes sans défense contre les animaux maraudeurs.

Mes premiers souvenirs d'enfance sur les animaux ont à voir avec un ours : un matin tôt, mon père se tient sur le seuil de la maison en pyjama, frappant fort dans ses mains au-dessus de sa tête de façon à éloigner deux ours renifleurs s'étant aventurés dans notre clairière; ils s'arrêtent un instant puis, dirigeant leurs regards vers nous, s'enfuient d'un pas traînant dans les bois. Il y a ce souvenir où notre mère, seule avec nous ses petits, dans l'obscurité, dispose la lampe au kérosène allumée au bord de la fenêtre plutôt que sur la table, nous expliquant que c'est pour empêcher les ours des environs de voir leur reflet dans la vitre et d'essayer d'entrer. Dans le nord, les ours — si intéressants et charmants qu'ils soient — sont toujours d'abord à craindre.

De cette époque, je me rappelle aussi m'être assise à l'aube sur une balançoire dans la cour de l'école d'un tout petit village à l'orée de la brousse. Des loups entament leurs hurlements à proximité dans la forêt, et je me rassois sur la balançoire de façon à être dos à eux, des frissons parcourant mon épine dorsale.

Un de mes plaisirs à vivre ici était la constante présence d'animaux sauvages, le plus souvent de petits troupeaux d'antilopes, en particulier s'ils traversaient la prairie devant le camion et que je pouvais voir de près la puissance de leurs subites et stupéfiantes accélérations. Il me semblait incroyable de me réveiller tôt le matin, de regarder par la fenêtre pour voir un faisan aller son chemin dans l'herbe, un couple de tétras picorer dans le jardin, deux cerfs manger sous la fenêtre, ou sept coyotes se balader dans le champ à l'autre bout de la cour. C'était comme vivre dans son propre zoo.

Puisque je croyais avoir trouvé un coin de pays où il n'y avait nul besoin de craindre les animaux, quand j'apercevais des antilopes, des cerfs, des coyotes, ils n'étaient guère plus pour moi que de superbes et intéressantes figurines. Les chevaux et les vaches de Peter étaient des présences beaucoup plus tangibles, et pourtant je croyais que galoper à cheval serait comme conduire une auto, et que le bétail n'offrirait aucune résistance aux plans du rancher. La nature des animaux était simplement un aspect de la vie rurale dont j'avais beaucoup à apprendre. Ce que je devais aussi découvrir, c'est que c'était un aspect au centre de la vie rurale.

Enfants, nous gardions dans la maison plusieurs chats comme animaux de compagnie — et mon grand-père maternel parlait si affectueusement à ses chevaux de trait qu'on aurait pu croire qu'ils étaient des personnes; toutefois je n'avais pas pour autant connu d'expériences personnelles avec des animaux, ni de sentiments forts pour eux.

Quand Peter et moi étions jeunes mariés, Peter possédait un troupeau de trois douzaines de chevaux *american saddle*, y compris un étalon. Je le regardais travailler régulièrement avec ses amis, dresser ses chevaux, tailler leurs sabots, les soigner, et même les châtrer. Ses amis et lui ne faisaient pas de mal aux animaux. Ils faisaient simplement ce qu'ils devaient faire, et la plupart du temps ils appréciaient leur travail. Au fur et à mesure que je les regardais faire, je reconnaissais leur profond respect des animaux, leur admiration, leur proximité avec ceux qu'ils connaissaient le mieux, et, malgré leur calme acceptation des animaux, l'éternelle distance qui demeurait entre ces hommes et les animaux.

Un de nos divertissements favoris quand il y avait des invités était de rentrer la troupe de chevaux au corral en les chassant. Quel plaisir nous avions, nous accrochant tant bien que mal dans la cabine arrière pendant que la camionnette nous bousculait violemment sur la prairie, et quelle émotion de voir la troupe foncer comme une flèche à travers champs, puis remonter l'allée vers le grand corral! Ensuite Peter transférait une partie de la troupe dans un plus petit corral, réservant quelques chevaux pour les brider et les seller. À l'époque où nous avions encore des colts, Peter les gardait à part afin que les visiteurs puissent les caresser et leur parler affectueusement pour les adoucir. Ensuite, il les dressait et leur montrait à le suivre.

Mais, bien sûr, sur un ranch d'exploitation, quand venait le temps de changer les chevaux de selle afin de donner un peu de repos à ceux qui étaient encore dans le corral et de garder ceux dans les champs en état d'êtres montés pour l'équitation, Peter chassait lui-même la troupe à dos de cheval. Ensuite il séparait les chevaux qu'il voulait monter, sortait ceux qui étaient demeurés à l'intérieur du corral, pour enfin laisser toute la troupe retourner dans les champs. Habituellement il les gardait quelques heures à l'intérieur; toutefois — pour qu'il se souvienne qu'ils n'étaient pas des chevaux sauvages, il les nourrissait, puis les laissait trouver l'abreuvoir électrique afin qu'ils sachent où boire quand les mares-réservoirs et les bourbiers seraient desséchés ou gelés.

Au début, j'avais extrêmement peur de la troupe quand elle galopait autour du corral. Je restais de l'autre côté de la clôture pendant que Peter marchait parmi les chevaux, choisissait ceux qu'il voulait, un à un, levant les bras, se plaçant devant pendant qu'ils galopaient, les appelant, et murmurant doucement à celui qu'il avait réussi à arrêter pendant qu'il lui mettait un licou.

J'appréciais la façon dont ils galopaient autour de lui : peu importait leur vitesse, ils semblaient faire méticuleusement attention de ne pas lui faire de mal, bien qu'ils eussent facilement pu le piétiner à mort.

Bien sûr, une femme de rancher serait bien mal venue de craindre les chevaux. Mais il y a quand même une grande différence entre le fait de monter un cheval sellé, dans un corral où il n'y a qu'un autre cheval en liberté, et se tenir debout au milieu d'un tourbillon de poussière tandis que quelques douzaines de chevaux, certains n'ayant jamais encore été dressés, courent autour à quelques centimètres de soi.

Durant l'une de ces occasions où Peter avait guidé la troupe et l'avait laissée à l'intérieur du corral, je devais avec lui ouvrir la clôture pour laisser les chevaux retourner dans les champs. Nous étions seuls, nos visiteurs étant partis depuis longtemps. Le soir était tombé et le soleil allait bientôt se coucher. Peter alla dans le corral pendant que je traînais de l'autre côté. « Tu ne viens pas avec moi? », me demanda-t-il. Les chevaux étaient paisibles dans la quiétude du soir. Un engoulevent hulula d'une voix rauque, descendant en piqué pour se percher sur la clôture de l'autre côté du grand corral. Un cheval battait sa queue pour éloigner une mouche. Aucun autre mouvement n'était perceptible; même le vent perpétuel des prairies s'était essoufflé. Je me laissai amadouer et rejoignis le corral.

Nous marchâmes tranquillement de l'entrée du corral vers le centre, regardant d'un cheval à l'autre. Peter parlait d'eux, de vendre ou de dresser celui-ci ou celui-là, discutait de l'origine d'une cicatrice sur le flanc d'une jument. Le calme se répandit dans le corral. Nous restâmes là jusqu'à ce que la fatigue nous gagne puis nous marchâmes quelques pas de plus pour nous asseoir en silence sur le bord d'une mangeoire vide.

Nous restâmes longtemps assis ensemble près des chevaux. Une fois ou deux, un des chevaux de selle de Peter s'approcha de nous, nous offrant son museau. Ne nous voyant pas bouger, il s'en retourna tranquillement. Assis dans le corral, nous fûmes enveloppés par une atmosphère envoûtante comme si nous étions tous deux faits, pendant ce court moment, de la même matière que ces chevaux, quelle qu'elle soit, comme si nous étions pris dans le même enchantement, jusqu'à ce que le soleil se perde sous l'horizon au crépuscule. Puis nous ouvrîmes la porte, laissant sortir les chevaux, qui se dirigèrent tranquillement vers les pâturages.

Après cet épisode, je ne craignis plus d'aller dans le corral avec la troupe, et tout en prenant mes précautions, je finis par aider Peter à séparer ceux qu'il désirait parmi la troupe des chevaux de course. Cela impressionna fort mes sœurs quand elles vinrent me visiter, quoique personne d'autre au ranch ne fût aveugle quant à mon courage et à mon savoir-faire.

Un jour, Peter et moi étions à cheval et attendions que le bétail s'abreuve avant de le chasser vers le prochain pâturage. Nous nous assîmes au sommet d'une colline, tenant les rênes de nos chevaux de selle tandis qu'ils broutaient à proximité.

Nous attendîmes plus d'une heure. Peter sommeilla même, tandis que les bovins avançaient presque imperceptiblement vers le point d'eau. Je commençais à m'ennuyer quand Peter se réveilla et s'assit.

Il avait choisi son cheval habituel, un grand bai hongre que personne d'autre ne montait. Maintenant le cheval s'avançait vers lui, levant un sabot de devant pour le frotter doucement dans un geste répété sur la cuisse. Je restai figée, à la fois de peur et d'étonnement. Peter rit. « Il veut repartir », dit-il.

Il ne m'était jamais venu à l'esprit qu'un cheval puisse avoir des désirs, qu'il se sente le droit d'en avoir comme les animaux domestiques, ou même qu'il puissse avoir des pensées. Ce cheval, qui pesait près de mille deux cents livres, semblait n'avoir aucune façon de communiquer, et pourtant il avait gentiment frotté la cuisse de Peter, conscient de sa force, mais attentif à ne pas lui faire de mal. À partir de ce moment-là, mon attitude envers les animaux mi-domestiqués comme celui-là commença à changer. Je devins moins peureuse et plus curieuse à leur propos, acceptant ceux-ci comme des semblables avec leur nature propre.

Comme je commençais à me rapprocher des animaux domestiqués ou à moitié sauvages et à m'éclairer à leur sujet, je commençai également à rencontrer des animaux sauvages. Ceux-ci étaient souvent moins doux, mais ils m'apprirent à devenir plus curieuse à leur égard; ce n'était pas tant une curiosité habituelle que le sentiment grandissant d'un mystère profond qui devait être résolu avant qu'il me soit possible de vivre à l'aise dans ce paysage.

Un jour, je me tenais de l'autre côté de la rivière sur les hauteurs de la berge, cueillant des cerises sauvages pendant que, du côté de la berge plus basse, une biche mulet, inconsciente du fait que je l'observais, grignotait l'écorce d'un arbre et parlait à son faon. Le son qu'elle émettait était entre un hennissement et un sifflement. Je n'avais jamais entendu auparavant ce son et ne l'ai jamais entendu depuis. Je m'aperçois que je fais de l'anthropomorphisme, imaginant qu'elle transmettait à son faon les coutumes de la prairie, ou plus vraisemblablement, comme une mère humaine le ferait, qu'elle utilisait sa voix pour garder son faon satisfait et à proximité. Peut-être vocalisait-elle pour le plaisir de vocaliser, ou, peut-être même était-elle en conversation avec l'arbre.

Occasionnellement, lorsque nous étions à dos de cheval, un coyote nous suivait pendant des heures, parfois se rapprochant assez, s'arrêtant ici et là pour lancer des appels. J'étais plutôt nerveuse lorsque ces coyotes se rapprochaient, bien que Peter, pour qui cette situation était des moins remarquables, restât parfaitement sans crainte. Il m'assura qu'il n'y avait jamais eu de cas de coyotes attaquant un humain.

Au cours de mes promenades quotidiennes, j'aimais me rendre assez loin pour ne plus voir les lignes et les poteaux électriques, les édifices, les clôtures, ou quelque signe que ce soit d'occupation humaine. Dans un endroit où il n'y avait plus d'ours — les Cypress Hills avaient un jour été pleines de grizzlys —, pas de loups ou de renards véloces, je n'avais jamais pensé sérieusement qu'il pourrait y avoir quelque raison pour m'en empêcher. Mais un jour, comme je me promenais à plus d'un mille au nord de la maison du ranch, le chien berger que j'avais emmené pour me tenir compagnie m'abandonna soudain et courut vers une colline à notre droite. Je vis un coyote courir en suivant le contour de la colline, du côté est, vers nous. Je n'avais pas peur, en partie parce que j'étais habituée à ce qu'ils nous suivent lorsque nous étions à cheval, mais également parce que « les coyotes n'attaquent jamais les humains. » Je rappelai le chien. Lorsqu'il revint, je me retournai, avec l'intention de me rapprocher de la maison. Puis j'aperçus quelque chose qui bougeait derrière moi, de biais, mais à une certaine distance. Je me figeai et attendis. C'était un second coyote, et à cet instant, soudainement, je compris que les deux coyotes m'encerclaient comme une proie.

La terreur me gagna. Je courus, aussi vite qu'une personne de quarante ans qui n'est pas une athlète le ferait. Au bout de ce qui m'avait semblé un court moment, je me retrouvai à bout de souffle, et lorsque je m'arrêtai pour reprendre haleine — ma respiration bruyante, mes poumons douloureux — et jetai un coup d'oeil aux alentours, le paysage n'avait pas changé. Je devais avoir couru sur place. J'étais mystifiée. La douleur dans mes poumons signifiait que j'avais couru très longtemps, et pourtant il me semblait n'avoir parcouru presque aucune distance vers la maison, même si je devais admettre qu'une colline herbeuse ressemblait à une autre. Lorsque je pensai à frapper mes mains au-dessus de ma tête comme j'avais vu mon père le faire des années auparavant, le coyote le plus près de moi — il était à environ cinquante pieds et s'approchait toujours — fit une pause et, je pourrais le jurer, me jeta un regard dégoûté, puis changea de direction. Je ne vis pas où le second s'en alla.

Outre la perception déroutante que je n'avais parcouru, en courant, aucune distance, il y avait aussi le facteur température. Peter et moi venions à peine de revenir de deux semaines de vacances, et nous étions déplacés depuis le nord-ouest de la Colombie-Britannique jusqu'à son sud-ouest. L'automne était déjà avancé, et pourtant il avait fait quatre-vingt-dix degrés Farenheit trois ou quatre jours de suite, ce qui était si étrange en ce temps de l'année que la prairie n'avait plus l'air de ce monde; il y avait une tension dans l'air; je sentais que quelque chose allait arriver, quelque chose hors de l'ordinaire.

Un couple de coyotes m'avait ciblée comme proie et avait décrit des cercles autour de moi, l'un d'eux m'avait fixée du regard; puis rejetée comme si je n'en valais pas la peine. Je n'étais pas seulement terrifiée, j'étais déçue. Si c'était vrai qu'aucun coyote n'avait jamais attaqué un humain, alors que me voulaient-ils? Je ne pouvais m'empêcher de songer que ç'aurait pu être l'occasion que j'attendais pour vraiment communiquer avec un animal sauvage — si je n'avais pas été si lâche, si j'avais eu une attitude ferme, quelque chose de révélateur aurait pu se produire.

Parce que j'avais cru à l'origine vivre dans un milieu naturel doux, j'avais oublié mes craintes des animaux sauvages lorsque j'étais enfant jusqu'à ma rencontre avec le couple de coyotes chasseurs. Je commençai à m'apercevoir que, même si le milieu ne produit pas d'animaux pouvant nous tuer, il existe d'excellentes raisons pour garder une bonne distance entre soi-même et des animaux relativement inoffensifs. L'une de mes premières rencontres avait été avec un blaireau : il avait reculé jusqu'à un rocher, s'était levé sur ses pattes arrière et, d'une manière des plus menaçantes, avait paru se gonfler, avait sorti ses griffes, et avait sifflé férocement. L'épisode m'avait montré que c'était un de ces animaux avec lequel je ferais bien de garder mes distances. Je surpris un jour un porc-épic, et il ne serait pas exagéré de dire que le porc-épic me surprit également. À une distance d'un pied et demi de ma jambe, et dans un geste que j'associe à la soudaine ouverture de stores vénitiens, il transforma sa fourrure en un bouclier de piquants, se figeant en cette position. Je poussai un cri involontaire qui sonna comme la note profonde d'un orgue et qui me fit mal à la poitrine, cependant que mon cuir chevelu se fronçait. Je pris mes jambes à mon cou.

Et puis, il y a toujours les serpents, avec lesquels je préférerais ne pas jouer non plus, même si dans cette région, ils sont tous inoffensifs.

Il y avait tant d'aspects de la vie rurale que je ne comprenais pas. En ce qui avait trait aux animaux, il me semblait de plus en plus surprenant que chaque champ vide, chaque flanc de colline, chaque emprise réservée non labourée, chaque tas de pierres ou îlot de longues herbes contenait des animaux sauvages. Il me semblait de plus en plus surprenant que les animaux aient un royaume, dans le nôtre, à côté et autour, où ils vivaient leur vie animale, s'ajustant à la nature — étant eux-même la nature — comme les humains eux-mêmes ne le peuvent. Je savais que déjà les grizzlys, les loups, les renards véloces, tous natifs de la région, en avaient complètement été éliminés, et que les chevêches des terriers et les buses rouilleuses étaient menacées d'extinction. J'avais le sentiment qu'il existait des gens qui ne s'en soucieraient pas du tout, qui seraient même heureux si tous les animaux sauvages étaient détruits. Je me demandais ce qui adviendrait du paysage si cela arrivait. Si quelque chose se produisait, cela aurait-il de l'importance? Pourquoi? Lorsque, à l'occasion, quelqu'un passait un commentaire désobligeant sur les animaux, je demeurais silencieuse, mais je restais vigilante, et réfléchissais sur des questions similaires.

Si nous trouvons les animaux sauvages intéressants, le contraire arrive également. Tôt le printemps dernier, Peter arriva à la maison pour me dire qu'un coyote se tenait autour des corrals; pourquoi ne venais-je pas y jeter un coup d'oeil? Il n'était que six heures trente du matin, mais je m'habillai et descendis vaillamment voir de quoi il retournait. Dans le grand corral, les veaux d'un an se tenaient massés les uns contre les autres en un demi-cercle, fixant dans un silence étonné un coyote gris-blanc à la fourrure épaisse qui se tenait tranquillement en face du bétail, n'y accordant apparemment pas son attention.

Peter avait l'appareil-photo, et je me tenais à quelques pieds de lui pendant qu'il prenait des photos, se rapprochant jusqu'à six pieds de l'animal. Le coyote se rapprocha du bétail autant que son audace le lui permit, renifla, puis retourna pour demeurer près de nous. Il ne se sauva pas de nous ni ne fit de gestes menaçants. Malheureusement, il était atteint de la gale, de la sorte qui atteignait seulement son derrière et sa queue, laquelle n'avait plus un poil. Peter prit quelques photos de plus du coyote, puis nous parlâmes de lui, de sa condition, nous demandant ce qu'il voulait. Après un moment, je revins à la maison, Peter repartit nourrir ses vaches et le coyote s'éloigna en trottant, disparaissant derrière un brise-vent. Lorsque nous songeâmes à le chercher, il avait disparu.

Il était de retour le matin suivant. J'étais dans le salon à le regarder rouler et mâcher quelques os que notre chien avait abandonnés, puis je le vis se rendre à la rangée d'autos et de camions, et faire le tour de chacun des véhicules d'un trot nerveux, s'arrêtant chaque fois pour renifler rapidement, retourner sur ses pas, zigzaguer, s'arrêter puis reprendre son manège. Il fut dans la cour chaque jour cette semaine-là. Le chien et lui en étaient arrivés à une entente, l'un descendant se nourrir de la carcasse fraîche d'un veau à la ferme, pendant que l'autre attendait près de la maison, puis ils s'échangeaient les places. Une fois, le chien s'approcha trop du coyote, et, de ma fenêtre, je vis le coyote montrer les dents. En un instant, son apparence de créature à la constitution délicate et à l'air inoffensif se transforma en celle d'un animal sauvage. Il avait soudain l'air d'avoir des dents formidables. Puis il reprit son apparence d'animal inoffensif.

Peter me dit que durant les cinquante ans et des poussières qu'il avait passés sur un ranch, il n'avait jamais vu un coyote se comporter de cette manière. Comment savait-il que nous ne lui ferions pas de mal? Était-ce parce que durant toutes ces années dans cette région, nous n'avions jamais chassé quelque animal? Était-ce parce que nous avions joyeusement nourri les mouffettes, les ratons laveurs et les pies, des créatures que les autres tuent? Était-ce en raison de la nourriture que nous laissions chaque jour aux chats de la grange et comme collation au chien? Je préfère penser que c'est ainsi parce que, après tout, dans chaque corral, en ce temps de l'année, il y a la viande fraîche du bétail qui n'a pas pu passer à travers l'hiver, et toujours certains coyotes parmi ceux que nous repérons ont la gale; cependant, aucun coyote n'était jamais venu vivre dans notre cour.

La semaine suivante, en revenant d'une promenade le long d'un chemin de campagne peu fréquenté, je découvris son cadavre étendu paisiblement sur l'herbe près du chemin. Un passant, voyant la condition du coyote, une condition qui en serait venue à bout, l'avait tué par balle alors qu'il allait traverser le chemin.

Même si ce passant avait raison — le coyote aurait connu une mort misérable avec la gale —, j'étais remplie de désespoir. Il me semblait qu'il nous était venu depuis son monde sauvage mû par la même curiosité sur les humains que ces derniers lorsqu'ils essaient de se rapprocher des animaux sauvages; je chérissais sa présence, sentant qu'il y avait quelque chose de magique à sa venue parmi nous. Le deuil dans lequel ce petit coyote m'avait plongée me surprit. Sa mort soudaine m'avait laissé un sentiment de vide, celui de la coupure abrupte d'une expérience qui promettait. Et je ne pouvais me réconcilier à ce coup de fusil désinvolte, irréfléchi.

Bien que Peter ne chasse pas, plusieurs de nos voisins chassent, parfois pour le goût de la viande sauvage, parfois pour conserver un trophée de chasse ou vendre la fourrure, et parfois encore — probablement le plus souvent — pour éliminer ce qu'ils considèrent être des pestes. J'ai été fréquemment surprise puis choquée d'entendre les gens remarquer qu'il y avait trop de cerfs, trop de coyotes ou trop de renards une année, et qu'on devrait aller en tuer un bon nombre.

Ce n'est pas que j'ignore cette impulsion : le jour où les

deux coyotes m'avaient encerclée, j'avais eu peur. Si j'avais eu un fusil et que j'avais été habituée de tuer, j'imagine que j'aurais essayé d'en tuer au moins un. Lorsque les ratons laveurs mangent toute la nourriture à chiens et à chats dans la cour, un fusil est l'une des solutions au problème, et si durant la saison de mise à bas, il y a beaucoup de coyotes aux alentours, on ne peut que penser à protéger les veaux. J'avais toujours été une citadine qui détestait la chasse, croyant sans rien savoir que les chasseurs qui n'étaient pas Aborigènes étaient des fous du fusil, qu'ils étaient cruels et assoiffés de sang. Je ne pouvais imaginer cette envie comme étant quoi que ce soit d'autre qu'une perversion. Maintenant que je vivais quotidiennement avec des animaux et que je songeais sérieusement à leur place dans notre monde, je commençais à examiner plus attentivement mes croyances à leur endroit, et m'interrogeais sur leur chasse.

Chasser par nécessité, pour s'alimenter, ce n'est pas tuer des animaux qu'on considère comme des pestes, ou les chasser quand on pourrait plus aisément obtenir la viande au supermarché. Et puis il y a différentes manières de chasser par nécessité. Le respect que les chasseurs aborigènes montrent envers leur proie est légendaire, et provient d'un système de croyances différent du nôtre. Hugh Brody, dans *Maps and Dreams*, raconte qu'il avait accompagné des chasseurs Beaver qui avaient tué et dépecé une femelle orignal:

> *Comme toujours, presque toutes les parties de l'animal ont été utilisées : le système digestif a été nettoyé, les intestins séparés des autres entrailles, le foie et le coeur ont été soigneusement mis de côté ... Ils ont aussi observé les conventions qui entourent le traitement d'un foetus de veau. D'abord, ils ont préparé une épaisse litière de pâture partiellement digérée, qu'ils ont sortie de l'estomac de l'animal ... Chaque partie du système reproducteur l'entourant a été débranchée de l'utérus et mise de côté.*

Puis, l'utérus lui-même a été posé sur la litière préparée avec le contenu de l'estomac et a été ouvert... le foetus a été disposé avec précaution sur le tapis formé du contenu de l'estomac, protégé avec plus d'herbes pré-digérées et quelques membranes, puis recouvert de rameaux d'épinette et quelques branches mortes. Un traitement si respectueux du foetus était aussi automatique que le traitement réservé à toute autre partie dépecée... Il n'était pas question de ne pas s'en occuper.

S'il doit exister une chasse à grande échelle par des gens qui ne sont pas des Aborigènes, ce respect pour les animaux doit être appris, ou réappris. Les origines de la chasse comme activité humaine sont si lointaines qu'elles sont perdues — des cultures de chasseurs existent, bien sûr, toujours —, mais en raison de l'âge de cette activité humaine, il semble que manger des animaux soit un instinct qui ne puisse être contenu que par un acte de volonté. L'une des plus grandes transitions de la race humaine prit place il y a dix mille ans, lorsque l'on apprit à cultiver, et que la survie par la seule chasse devint, un peu partout dans le monde, chose du passé. La raison principale de cet acte de volonté semble être spirituelle, c'est-à-dire reliée à la croyance qu'il est mal de tuer et de manger d'autres animaux.

Mais chasser pour vivre, que ce soit pour éloigner la famine ou non, engendre chez les humains un puissant respect pour les animaux qui doivent être tués, alors que la chasse comme sport, précisément parce qu'elle n'est pas nécessaire, peut engendrer une désinvolture et un manque de respect pour les animaux. Si nous tuons avec désinvolture, sans bonnes raisons, nous nous brutalisons nous-mêmes, nous brutalisons la race humaine.

John Haines, ce poète américain d'excellente réputation, pendant ses vinq-cinq années passées dans la nature en Alaska, gagnait de temps à autre son pain avec la trappe. Être à la fois poète et trappeur est une combinaison étrange de professions, l'une réquérant sensibilité et réflexion hors du commun, l'autre, une insensibilité particulière, voire de la cruauté, ou du moins la capacité de geler ses émotions. Son livre *Vingt-cinq ans de solitude* discute le dilemme de la chasse : le mal, dans la balance des choses, dont quelqu'un qui tue des animaux pour leur fourrure se rend coupable, et la nature des animaux, des questions qui sont interreliées à leur racine. Haines reconnaît le sentiment de domination que ressent le chasseur :

> *Il y a de la passion dans la main qui arrache la fourrure et la caresse, confiante qu'elle connaît comme une seconde nature la mécanique du corps animal.*

Mais il reconnaît qu'il a été hanté par les animaux qu'il a trappés :

> *Je restais éveillé la nuit, regardant mes traces dans la neige, et m'imaginais pris dans une trappe ou un piège, geler tranquillement à mort. Je ressentais la prise froide du métal, le gel de mes os. Une paire de grands yeux jaunes semblait me fixer dans l'obscurité, et regarder dans mon âme. Il est fort probable que j'aie attribué aux animaux une plus grande capacité de douleur et de souffrance qu'ils n'en possèdent, mais il n'y avait aucune façon d'en être sûr. Leur vie et leur mort me hantaient comme une blessure dans ma propre chair.*

À la fin, même Haines le poète, l'homme contemplatif et éduqué, n'arrive pas à résoudre le dilemme, ni à se sentir tout à fait à l'aise avec lui-même. Pour lui, le mystère demeure, celui de la nature de l'animal et ainsi de la question de la possibilité du mal dans une action qui le satisfaisait tant.

Mais si grande que soit cette familiarité, elle comporte toujours quelque retenue; la vie de l'animal demeure autre et au-delà, ne se rendant jamais complètement.

Pas plus que Haines, je ne comprends la raison d'être des animaux; je ne connais pas leur essence, ce qu'ils savent de l'existence et de la mort, ou du sens de leur vie. En leur coeur, ils demeurent des étrangers, comme Barry Lopez le dit, l'Autre. Quel est ce « tout » dont Haines parle, et que même une connaissance intime des jointures, des tendons, des organes et du sang ne révèle jamais?

Ceux qui étudient le comportement animal dans son environnement naturel et qui réalisent des films sur le travail des naturalistes pour des émissions comme *Nature* et *La Nature des choses*, me semblent seulement essayer de remplir le vide entre eux et nous avec des faits intéressants, mais peu utiles, des faits qui donnent l'illusion de comprendre. Posez une question, et ils ont une réponse; mais cette réponse ne donnera pas ce que nous désirons le plus savoir, ce que nous voulons tous savoir. Il me semble souvent, à regarder des scènes d'animaux dans la nature en train de copuler ou de se tuer, qu'en dépit de leur ton révérencieux, de leurs tentatives maladroites ou capricieuses d'explications de comportements qui n'ont pas de sens en termes de compréhension humaine, de leur évident anthropomorphisme, de leurs inconvenantes indiscrétions, les gens qui font ces films sont parmi ceux qui démontrent le moins de respect pour les animaux.

Si nous n'en venons pas à connaître vraiment les animaux en tant que trappeurs, chasseurs, naturalistes, amateurs de zoos, photographes ou propriétaires d'animaux domestiques, nous pouvons nous demander comment nous en arriverons à répondre aux questions essentielles sur eux. Les Aborigènes de l'Amérique du Nord sont, comme toujours lorsque la nature est invoquée, instructifs sur ce point. Obligés de chasser les animaux pour survivre, forcés de connaître leurs habitudes et comportements aussi bien ou mieux que les naturalistes professionnels, les Aborigènes négociaient avec leur mystère de deux manières : *primo*, ils les traitaient avec révérence, comme Hugh Brody le décrit et comme nous l'apprenons dans leurs propres mots par les anthropologues, explorateurs, marchands et missionnaires, de même que dans leurs sculptures et peintures; *secundo*, parce que les animaux jouaient un si large rôle dans leur vie et leurs rêves, les Aborigènes croyaient qu'ils étaient les émissaires des dieux, et parfois leur incarnation, et des contes expliquaient la création en leurs termes.

Peter Knundtson et David Suzuki dans *Sagesse des anciens* citent la parole d'un chasseur inuit nommé Ivaluardjuk — Joseph Campbell le cite également dans *Mythologie primitive* — telle que rapportée par Knud Rasmussen :

> *Le plus grand péril de la vie est que la nourriture humaine consiste entièrement en des âmes. Toutes les créatures que nous devons tuer et manger, toutes celles que nous devons abattre et détruire pour nous confectionner des vêtements, possèdent des âmes, comme nous, des âmes qui ne périssent pas avec le corps, et qui doivent ainsi être conciliées de crainte qu'elles ne se vengent de nous pour leur avoir enlevé leurs corps.*

Dans la hiérarchie des êtres de certaines mythologies des Premières Nations, les animaux sauvages sont situés plus près des dieux que le sont les humains. C'est une vue des choses qui honore le fait que, dans notre fascination pour la science, nous, les modernes, avons oublié ou nié le mystère ancien et toujours actuel au coeur de l'animal, le mystère au coeur de la nature sur lequel Haines a écrit si éloquemment. Plus je vis ici, plus je me dis que les croyances aborigènes doivent être vraies.

Les années passées dans cet endroit me firent sentir plus en harmonie avec le monde animal autour de moi. Comme je me promenais dans les collines un jour, parcourant une aire où je marchais souvent, je tombai sur le crâne d'un cerf qui était âgé d'un an au moment de sa mort. Je savais que la mort de l'animal remontait à un certain temps en raison du crâne blanchi, et pourtant le crâne n'était pas à cet endroit quelques jours plus tôt; j'en tirai la conclusion habituelle qu'un coyote l'y avait traîné. Il ne me vint pas à l'idée de me demander pourquoi le coyote avait pris la peine de transporter le crâne, puisque toute trace de chair ou de moelle avait disparu, et qu'il n'y avait pas de marques de dents où un animal aurait rongé l'os pour le calcium.

C'était un beau crâne : il était d'un blanc pur et était menu, et possédait de délicats bois qui se gonflaient vers l'extérieur, puis se courbaient avec grâce vers l'intérieur pour se tourner l'un vers l'autre en une symétrie parfaite. Je le pris pour l'observer de plus près, songeant que je n'avais rien vu d'une telle grâce, d'un tel charme à l'état pur. Je le tenais dans mes deux mains, le contemplant, lorsque je me tournai dans la direction opposée. Je levai alors mon regard et, à égale distance l'un de l'autre le long d'une crête plus élevée, me fixant tranquillement, se trouvaient vingt-deux cerfs mulets.

Le moment était, comme Aldo Leopold le dit d'un vol de grues, « toujours au-delà des mots ». Je me sentis chanceuse d'avoir trouvé un crâne d'une telle perfection; lorsque je m'étais retournée et avais vu les cerfs au-dessus de moi me regarder pendant que je l'admirais, le tenant avec la révérence due à un objet sacré, il me sembla qu'ils m'avaient fait don de ce crâne. En fait, comme je racontais cette histoire à un groupe d'artistes « conservationnistes » au Dakota du Sud, l'un d'eux dit spontanément, dans un murmure plein de révérence : « Ah — c'était un don! ». En des moments comme celui-là, si rares soient-ils, je sens que chaque sacrifice, chaque seconde de douleur qui est la conséquence directe de ma venue ici en a valu la peine. Ici, je me sens toujours me rapprocher d'un niveau de compréhension de la nature de l'existence que je ne puis imaginer venir de quelque autre manière, de quelque autre endroit.

Le soir, la nuit et tôt le matin, les coyotes chantent pour nous dans la prairie. En fait, ils appellent leurs frères et soeurs d'un bout à l'autre de la vallée, ou de colline en colline, solitaires. Parfois ils ont l'air heureux, avec leurs jappements délicieusement décalés, sans mélodie ou décorum; parfois encore, leur chant ressemble à une lamentation tout droit venue du coeur et adressée aux dieux, comme les humains chantent leur tristesse et leur souffrance au cours des siècles et de par le monde. Lorsqu'ils commencent leur chant, Peter et moi ne manquons jamais de nous arrêter et de les écouter.

De tous les animaux de la plaine, ce sont les coyotes qui possèdent le plus grand sens de l'humour. Si on vit avec eux pendant un temps, la raison pour laquelle chez les Premières Nations le coyote est le dieu-*trickster* devient évidente. Lorsqu'ils sont assis sur le flanc de la colline à chanter d'une humeur plus enjouée, on peut facilement imaginer qu'ils rient.

Un jour, un coyote et moi nous disputâmes un match pour la possession de mon chien, et je gagnai seulement en me rapprochant de la civilisation. Le chien et moi nous baladions dans la prairie lorsque, soudain, à quelque distance, un coyote apparut. Aussitôt qu'il vit le chien, il l'appela depuis une colline basse. Le chien se retourna puis se mit à courir dans sa direction. Je sifflai au chien de revenir vers moi. Le chien se retourna et changea de direction; immédiatement, le coyote le rappela, et continua jusqu'à ce que le chien reparte dans sa direction. Je continuais de marcher en direction de la maison, et le coyote, se rapprochant quelque peu, se déplaçait de colline en colline et nous suivait de près. Il appela le chien, et le chien commença à trotter dans sa direction. Je sifflai puis appelai par son nom le chien, qui alors se dirigea vers moi; sur quoi le coyote se rapprocha et appela de la manière la plus irrésistible, la plus urgente, jusqu'à ce que le chien se retourne vers lui et prenne sa direction.

Même lorsque j'eus atteint la route et rappelé à moi le chien, le coyote trouva une colline de laquelle on pouvait voir jusqu'à la maison et resta assis là à faire de son mieux pour attirer de nouveau le chien vers lui. Mais peut-être chantait-il aussi l'enchantement de la liberté, de la vie sauvage, dont le souvenir remuait dans les os du chien avec chaque note du chant du coyote.

Il me semblait évident que même s'il faisait de son mieux, le coyote ne s'attendait pas à gagner, et que c'était pour cela que c'était une grosse blague. Néanmoins, avec mes sifflements, mes cris et ma marche précipitée, comme j'essayais de m'éloigner de cette situation le plus rapidement possible, j'étais épuisée, et ennuyée. J'avais envie de gronder le coyote : « Ce n'est pas drôle! Ne fais pas l'idiot! »

Lorsque j'eus rejoint la route et que je me retournai pour le regarder sur la dernière colline, je lui criai : « Trouve-toi une occupation! » Sa réponse fut un riff particulièrement joyeux et méprisant. Puis, regardant par-dessus son épaule comme Coyote le fait toujours, il se dirigea vers son repaire. Un demi-mille plus loin sur la route, je le cherchai de nouveau des yeux. Coyote faisait une pause, assis sur la plus haute colline, sa silhouette découpée contre le ciel, et il émit une dernière modulation tyrolienne, qui ne nous était pas destinée, à mon chien et moi, mais s'adressait à l'univers; c'était un cri qui disait *Je suis*.

De toutes les choses intéressantes, étranges ou belles que j'ai vues ou ressenties en vivant ici dans le paysage, aucune ne m'a touchée et intriguée autant que mes rencontres avec les animaux. Je dis « intriguée », n'ayant pas de mot plus juste : ces rencontres ont trouvé un écho aussi profond que la vie, ont ouvert un espace obscur en moi qui résonne avec le savoir qui choisit de se formuler en questions plutôt qu'en réponses. Après n'importe quelle de ces rencontres avec des animaux sauvages, sentant que j'avais, pour une fraction de seconde, entraperçu ma vision de jadis sur l'unité universelle, il me fallait trouver une manière de l'exprimer. J'écrirais, et cette connaissance que j'avais presque saisie, j'essayerais de lui donner la forme de la lumière qui illuminerait mes personnages, mon histoire. Que je réussisse ou non en tant qu'écrivaine était moins important que de reconnaître que je n'en serais pas devenue une si je n'étais venue vivre dans ce paysage.

Les Premières Nations — de ce que j'ai appris des écrits sur leur vie traditionnelle — n'éprouvent pas de difficultés à accepter le monde des rêves comme étant aussi réel que le monde de tous les jours. Je suis moi-même incapable de l'accepter sans équivoque. Je m'accroche toujours au monde de tous les jours, par crainte, par solitude apparente et par manque de chaleur humaine dans ce monde, voire par incertitude, me demandant s'il est moralement défendable d'accepter sans réserves le monde des rêves. C'est ainsi que, voyant un coyote réel, j'ai peur, ou je le vois comme Autre, plutôt que de le voir comme un de mes semblables avec qui je peux communiquer, en dépit du fait que dans un rêve extraordinaire un coyote m'avait jeté un regard qui en disait long, et qui ne m'avait pas fait peur.

Par exemple, un jour je tombai sur un croissant de pierres à moitié enfouies dans l'herbe et presque entièrement recouvert par des lichens, les deux circonstances suggérant — mais ne prouvant pas hors de tout doute — que ces pierres avaient été placées là en des temps anciens. Le croissant faisait environ sept pieds d'un point à l'autre, et j'avais immédiatement pensé à la lune et à son culte. Cette nuit-là, je rêvai que je devais établir un endroit de culte pour les femmes à ce site. Ce que je ne fis pas; je songeai que si j'étais des Premières Nations, je suivrais les directions du rêve, mais ne l'étant pas, l'idée même de suggérer une telle chose à des femmes me fit sentir parfaitement ridicule. En dépit de mon respect révérentiel, de mon sentiment de félicité, de ma gratitude débordante pour ces visions et ces rêves, la plupart du temps, en personne pratique, je garde ces deux mondes séparés.

Et pourtant parfois, il m'a semblé pendant cette dernière année que quand je vois un coyote me regarder, ou un cerf près de moi dans un champ, je suis moins effrayée que d'habitude. Parfois je vais même jusqu'à penser qu'ils sont moins effrayés ou surpris par moi, comme tous les deux nous demeurons immobiles et à une distance sûre à nous étudier l'un l'autre.

LUNA

J'étais ici depuis sept ans lorsque mon sentiment d'aliénation et de solitude culmina dans le rêve où je vis « anomie » écrit d'un bout à l'autre du ciel. Alors commença une période d'intenses labeurs psychiques, qui dura cinq ans.

J'ai lu et relu mon journal afin de tenter de démêler les événements importants de ma vie : le cancer de ma mère puis sa mort, une maladie grave de Peter; ce qui se passait dans ma vie d'écrivaine : la publication de trois nouveaux livres, mon voyage psychique tel qu'il s'exprimait dans les rêves et mes lectures approfondies pour comprendre ce qui m'arrivait. Je me sentais comme Psyché emmenée par Vénus devant un monticule de graines mêlées — du blé, de l'orge, du millet, des vesces, des fèves et des lentilles — et à qui Vénus avait ordonné de les séparer en piles avant la nuit tombée si elle devait retrouver son bonheur. Psyché désespérait. Mais une entière fourmilière accomplit le travail pour elle, alors que moi, je suis seule et ne pourrai jamais effectuer un tri parfait. Il importe probablement peu que le tri soit parfait; ce qui importe, c'est que je me sente raisonnablement satisfaite de la manière dont, après des efforts assidus, j'ai mis de l'ordre dans mes expériences de ces années. Cependant, alors que la récompense de Psyché fut de rejoindre son amoureux Cupidon, les choses sont moins aisées pour les mortels que nous sommes. Nous ne sommes jamais à court d'épreuves, mais elles deviennent plus compréhensibles et donc plus endurables à mesure que l'on vieillit.

Il me semble avoir passé l'an 1984 à me préparer pour ce qui allait suivre : la période de mystérieux rêves qui serait à son plus intense en 1985 et en 1986. Parfois les rêves étaient d'un symbolisme simple, mais le plus souvent ils comportaient un fil narratif. Nuit après nuit, je traversais à gué la rivière Saskatchewan, avec ses rives de sable pâle, seule dans la chaleur sèche de l'été, sous un soleil implacable. Parfois je traversais un pont, mais je ne pouvais jamais atteindre l'autre extrémité sans mettre ma vie en danger; parfois, j'avançais en pataugeant dans l'eau — parfois encore j'avançais avec des efforts méthodiques. Toujours, il y avait des serpents; j'en transportais, j'en croisais, ils me tourmentaient; quelques-uns possédaient de toute évidence des pouvoirs magiques car ils arboraient différents tons de rouge — de corail à vin — et rougeoyaient comme s'ils étaient éclairés de l'intérieur. Nuit après nuit, j'étais dans l'eau, parfois celle de la rivière, le plus souvent celle de la mer.

À étudier mon journal, il me semble maintenant que ce qui me paraissait à l'époque être des rêves séparés était des versions de plus en plus détaillées du même rêve. Par exemple, en novembre 1984, je fis le premier de trois rêves où j'étais sur un radeau voguant sur des eaux profondes. Dans le premier rêve, le radeau traversait le port de Halifax et je nageais à côté, rattachée au radeau par un cordage. Dans le second, en mars 1986, le radeau était d'un rose brillant, une couleur magique, mais il rétrécissait et semblait s'engloutir sans jamais réellement faire naufrage, de telle manière que je me retrouvais fréquemment avec des vagues jusqu'au cou. Le troisième rêve, survenu environ cinq mois après le second, était complexe, détaillé et profondément perturbant; le radeau avait un capitaine, qui était une femme.

Je fis plusieurs rêves peuplés de femmes, des rêves mystérieux, dans lesquels fréquemment deux ou trois de mes amies aparaissaient comme mes compagnes d'aventure, dont l'un dans lequel mes soeurs et mes cousines étaient toutes du même âge, une volée de belles jeunes femmes en robes blanches qui couraient en riant. Dans les deux plus importants de ces rêves, la figure centrale était une femme puissante, mais étrange. Enfin, au début de 1987, cette série de rêves sembla culminer en un rêve où apparaissait une naine, autre figure magique, avec un visage des plus lumineux et accueillant, qui m'invitait dans sa maison. Les rêves les plus remarquables de cette période me hantaient et je passai littéralement des années à essayer de les comprendre. Au début de 1985, avant de terminer *The Gates of the Sun*, j'avais déjà commencé à penser à mon prochain roman, et j'avais décidé qu'il serait à propos des femmes de cette communauté de ranchers et d'agriculteurs. Je l'avais déjà intitulé *Luna*. Il me devient très difficile de placer ces événements dans un ordre chronologique strict, mais je crois que c'était à peu près à l'époque où je m'étais attaquée au chef-d'oeuvre excentrique et envoûtant de Robert Graves, *La déesse blanche*[8].

Plus je vieillis et plus je connais le monde, plus je comprends l'étendue de la subjugation de mon sexe et m'en attriste — notant la manière dont les hommes maltraitent les femmes, les meilleurs hommes du monde, qui ont les meilleurs motifs au monde, mais ne comprennent pas, n'apportent pas de soutien, même dans des situations en apparence sans importance, notant la manière dont ils s'attendent à ce que nous soyons leurs mères, que nous le soyons ou non. Bref, les hommes, ici et là, jour après jour, siècle après siècle, nient notre pleine humanité. Robert Graves, quel qu'il ait été dans sa vie personnelle, a rendu un grand service aux femmes lorsqu'il a

[8]Retraduit et publié sous le nouveau titre *Les mythes celtes.*

écrit *La déesse blanche*. Lire cet ouvrage a été comme ouvrir la porte d'une maison délabrée et entrer dans une pièce remplie de trésors. Qu'il soit possible de croire en un univers féminin! Que les femmes puissent être entières! Que nous puissions avoir notre histoire propre, connaître une existence archétypale — non pas en tant qu'hommes manqués, blessés, ou en tant que servantes gracieuses, biens meubles, mais en tant que femmes — était fascinant et profondément gratifiant pour moi. Je ne voulais pas terminer ce livre, mais lorsque j'en eus terminé la lecture, je me mis à chercher des livres de profondeur, de vision et de sensibilité comparables sur la condition féminine.

Le fait que je pensais sérieusement à *Luna* et à la manière de m'attaquer à sa rédaction m'aida dans ma lutte pour me forger un moi adaptable, pour comprendre mes rêves, et renforça ma certitude que je ne pourrais écrire un livre sur les femmes avant de saisir ce qu'elles étaient — comment elles avaient été à l'aube du monde, qui elles étaient si on ne tenait pas compte de la distorsion créée par la culture patriarcale. Je commençai à lire des livres sur les femmes et par les femmes, puisque Jung et Freud m'avaient laissée tomber sur ce sujet. Même si la plupart des livres que je lisais étaient écrits par des femmes, je n'évitais pas de lire des ouvrages simplement parce qu'ils étaient écrits par des hommes. Assez tôt, je cherchai *Les mystères de la femme* d'Esther Harding, mais je lus également *The Great Mother*, d'Erich Neumann. Je commençai à lire des analystes jungiennes, particulièrement Marion Woodman (*Obsédée de la Perfection* et *La vierge enceinte*), et *The Wise Wound*, de Shuttle et Redgrove, puis, plus tard, *The Black Goddess* de Redgrove. Je lus *Naître d'une femme*, d'Adrienne Rich, car je crois qu'une poète en sait plus qu'une universitaire féministe. Je retournai dans le temps avec des archéologues comme Marija Gimbutas, qui a écrit, entre autres, *Le Langage de la déesse*. Je lus des ouvrages de théologiennes féministes, d'historiennes et d'écrivaines plus excentriques, comme celle qui se fait appeler Starhawk. Je lus des mythes dans lesquels des femmes aparaissaient, croyant que s'il n'y avait pas de preuves dans l'histoire de ce que nous avions été il y a des milliers d'années — peut-être la vérité était-elle logée dans ces anciennes histoires et pouvais-je tenter d'en rassembler des morceaux. J'essayai d'évaluer ce qui était fondamental et universel, et de le séparer de ce qui ne l'était pas (donner naissance à des enfants est fondamental et universel). J'essayais de trouver des fondements dans le féminin pour moi, pour ma vie, ainsi que pour les femmes de mon livre *Luna*. Là où je n'étais pas poussée par les besoins de mon livre, mes rêves me dirigeaient.

En avril 1985, je songeais à *Luna* depuis quelques mois lorsque je fis l'un des rêves les plus importants de ma vie. Dans ce rêve, j'essayais de traverser une frontière vers un pays étranger, désert, très chaud et peuplé de palmiers. Ma compagne et moi portions des robes blanches et des coiffes qui ressemblaient à la fois à celles que portent les religieuses et les peuples du désert. Nos coiffes enserraient nos visages, couvraient nos cheveux, mais la sienne possédait un bandeau noir dont la mienne était dépourvue. Il me semblait être son acolyte. Comme nous nous approchions, le garde-frontières lui parla dans une langue étrangère. Elle me dit à mi-voix : « Pense vite à un nom arabe », mais je n'y arrivais pas. Le nom qui me vint à l'esprit était celui d'une amie juive, mais je parvins à passer la frontière de toute manière puisque je me retrouvai assise sur les hauteurs d'une colline à une table ronde sous un arbre avec ma compagne et deux ou trois autres silhouettes dans l'ombre qui avaient l'air arabe, et dont je ne pouvais distinguer si elles étaient masculines ou féminines, mais qui semblaient me lancer des sourires satisfaits. Au centre de la table se trouvait un bol de fruits. D'un geste machinal, sans y penser, je pris une orange et, sans la peler, y mordit. La femme me dit que j'aurais d'abord dû la laver, qu'elle me rendrait malade et que je mourrais. Elle me montra du doigt, au pied de la colline, de petits édifices rectangulaires, que je distinguais à travers les palmiers, et qui étaient, disait-elle, des maisons pour laver les fruits.

Le plus remarquable dans ce rêve était cette femme elle-même : elle était l'autorité incarnée, et dépourvue d'émotions. Je ne me souviens pas de sa voix, mais elle avait une peau douce et olivâtre, un visage rond et des yeux sombres. Lorsqu'elle parlait, une vérité absolue, sans équivoque et sans fioritures sortait, rendue sans trace d'émotions — ni pitié, ni colère, ni affection, ni chaleur ou froideur. Elle devait représenter une figure divine, car je me la suis toujours imaginée ainsi, telle une déesse, ou, comme Jung pourrait la décrire, la femme sage, ou, comme d'autres gens avec une moindre imagination pourraient le faire, comme un aspect sage du moi.

Elle apparut de nouveau trois mois plus tard dans un rêve, vêtue d'une tunique similaire à la blanche, mais d'un noir qui offrait une riche résonnance de couleurs. Son message, qu'elle me communiqua deux fois en me regardant droit dans les yeux, était plein d'espoir. Deux fois, sans aucune évocation érotique, elle me montra son sein, un geste symbolique qui signifiait, croyais-je, que la vie était encore remplie de richesses et de beautés qui soutenaient l'être.

Le rêve qui portait sur l'orange est encore lumineux dans ma mémoire. J'ai essayé de l'élucider pendant des années, cherchant des indices sur son sens d'un livre à l'autre. En fait, je ne le compris pleinement qu'à l'époque où j'écrivais ce livre, lorsque je réalisai qu'un paragraphe fraîchement écrit — une métaphore du problème posé par ma venue dans cette région — était de fait une formulation du rêve : j'avais fermé mes yeux et sauté, et lorsque je les avais ouverts, je m'étais retrouvée dans un étrange pays aux coutumes curieuses dont je ne parlais même pas la langue. J'avais toujours su que le rêve avait à voir avec la mort, et j'avais commis l'erreur fréquente de croire qu'il s'agissait de la prédiction d'une vraie mort. Je finis par voir qu'il s'agissait de la mort de l'ancien moi, le moi que j'avais été lorsque j'avais pris la première décision, celle de renoncer à ma vie jusque-là et de refaire ma vie dans cette région. C'était aussi que je ne savais pas ce que je faisais lorsque j'avais pris le fruit de cette vie, et que, comme le rêve le disait, cela m'avait en effet tuée. J'avais même élucidé le sens de l'orange symbolique qui m'avait tant déconcertée : j'associais les oranges avec la nature sauvage depuis que, lors de ma première visite ici, j'avais eu un sentiment de déjà vu lorsqu'on m'avait offert une orange.

À la mi-juillet 1986, je rêvai que j'avais ouvert un livre qu'une amie m'avait donné et qu'à l'intérieur j'y avais trouvé une ramille pressée et desséchée. Comme je la regardais, la ramille redevint ronde et ses feuilles s'ouvrirent, gonflèrent et reverdirent. Puis, une à une, trois fleurs bleues en trompettes s'y épanouirent jusqu'à maturité. Je me réveillai et pensai au bâton magique d'Aaron qui avait apporté des plaies aux Égyptiens; à la branche dorée, à laquelle étaient suspendues des clochettes que les poètes irlandais — les ollaves — transportaient avec eux en l'honneur de Brigitte, la déesse des poètes; je songeai au rameau d'or qu'Énée avait arraché à un arbre et apporté aux enfers, et qui avait rendu possible son retour au monde d'en haut (plante que Frazer et Graves identifient au gui); je songeai à Gilgamesh qui, après de dures épreuves, avait atteint le fond de la mer cosmique pour cueillir la branche de la vie immortelle. Je pensai à l'antique et récurrent symbole de l'arbre de vie.

Je cherchai dans mes livres une interprétation plus près de ma vie quotidienne et trouvai ceci dans *L'homme et ses symboles*, de Jung : « Un arbre ou une plante ancienne représente symboliquement la croissance et le développement de la vie psychique (en tant que distincte de la vie instinctuelle, communément symbolisée par les animaux) ». Je considérai cela comme un signe que j'approchais du seuil de la forêt, que ma crise allait se résorber, que j'avais survécu à ces épreuves et que les choses commenceraient à être plus faciles, plus limpides, plus simples, même si je ne pouvais voir comment ni pourquoi.

J'ai mentionné un rêve perturbant dans lequel le capitaine du traversier était une femme. J'eus ce rêve le 15 août 1986, qui est la nuit de l'Assomption de la Vierge Marie, ce qui — en raison de mes intenses efforts pour trouver mes fondements en tant que femme, autant pour moi-même que pour les autres femmes —, j'en suis certaine, n'est pas une coïncidence. Cette fête de l'Assomption était, à l'époque pré-chrétienne, celle de Diane, déesse de la lune. C'était ce même jour où j'avais terminé la première version de *Luna*, dix ans après m'être établie ici. Ce rêve est toujours aussi clair maintenant que si je l'avais fait la nuit dernière.

C'était le troisième des rêves de radeaux; je nageais dans des eaux inconcevablement profondes à côté d'une barge, à laquelle je m'accrochai avec un bras. La barge était huileuse, sombre et chargée de boîtes. Elle n'avait qu'un passager, un gentleman victorien vêtu d'une redingote, d'un chapeau, d'un foulard et de gants. Son visage était complètement caché et je ne voyais que les flammes de ses yeux sombres, qui me regardaient. Le capitaine à la barre était une femme. Elle était grande, mince, et avait une chevelure longue, blonde, épaisse et ondulée. Elle portait un chapeau de capitaine, un manteau épais et sombre, une jupe étroite et courte, et ses jambes et pieds étaient nus, un détail qui me paraissait particulièrement important.

Il faisait nuit, mais c'était une pénombre qui permettait de voir : nous traversions une rivière profonde et sombre. Je nageais ausi énergiquement que possible, me débattant comme je le pouvais, car avec un bras, je nageais le crawl, et avec l'autre je m'accrochais à la barge, ne me sentant pas près d'abandonner. Loin dessous, dans les profondeurs de l'eau, je distinguai un gigantesque navire de guerre. Nous arrivâmes à une maison : la capitaine stoppa le traversier et j'errai dans la maison pendant que la capitaine ouvrait et refermait toutes les armoires, cherchant quelque chose. Dans la salle de bains, elle regarda son image dans le miroir. La maison n'avait ni rideaux ni meubles; il n'y avait ni vitres dans les fenêtres ni portes dans les ouvertures des murs, et, pour tout plancher, une eau inimaginablement profonde. Puis, nous nous retrouvâmes dans une seconde maison, qui était exactement comme la première, sauf que son plancher était de boue humide. Cette fois aussi, la capitaine fouilla la maison. Et je pensais : « Mais comment le traversier va-t-il passer à travers la maison? » Il me semblait que notre aventure avait été abruptement coupée, que le voyage s'était terminé trop tôt. Le rêve se termina avant que ne réapparaisse le traversier, et moi je restai échouée dans la maison vide.

Cela me prit des années pour déchiffrer ce rêve. Peu à peu, je réalisai qu'il était du moins une version du mythe de Perséphone. Nous traversions le fleuve Styx, le fleuve des enfers que, dans les mythes, le mort devait traverser accompagné de Charon, un homme qu'on payait d'une pièce de monnaie (apparemment les Grecs laissaient une pièce de monnaie dans la bouche de leurs morts pour couvrir ce tarif). Ma capitaine était une déesse de l'amour, une déesse de la lune, identité révélée par sa magnifique et longue chevelure, ses jambes et pieds nus — symboles sexuels, mais peut-être également, à un autre niveau, substituts d'une queue de sirène —, et par le miroir dans lequel elle regardait. Le passager était le plus difficile à déterminer, mais à la fin je fus étonnée de découvrir qu'il s'agissait d'Hadès — dont le nom signifie « l'invisible » —, le seigneur des enfers, qui avait épousé Perséphone après l'avoir volée à sa mère, Demeter, la déesse du maïs. Ce n'est, bien sûr, qu'un niveau d'interprétation, une interprétation communément qualifiée de « voyage nocturne en mer ». Une autre interprétation serait que le rêve avait à voir avec une crise dans ma vie, avec ma quête d'une vie heureuse et remplie.

Puis je réalisai que j'avais reçu le rameau magique un mois avant de faire mon rêve de voyage aux enfers, et, au niveau mythique, le cadeau de la ramille en fleurs était ce qui m'avait permis d'aller aux enfers et d'en revenir saine et sauve.

À peu près à cette époque, j'avais aussi commencé à rêver de fillettes, des bébés et de petites filles si intéressantes que j'avais abandonné des fêtes pour être avec elles, que je les suivais le long de rues sombres sous la pluie durant la nuit. L'une de ces petites portait un *siwash*, un épais chandail tissé par les femmes autochtones et décoré de symboles de leur mythologie comme l'Oiseau-Tonerre.

Un soir, vers la mi-août, où la plus ancienne fête des déesses avait lieu, je fis le rêve qui symbolisait ma réussite des épreuves, et dans lequel j'avais, croyais-je, rencontré la déesse pour la première fois. Six mois plus tard, je fis l'un de ces rêves « culminants » ou rêves « résumés » dans lequel la femme sage m'apparut encore — c'était vers la fin du rêve, celui qui m'avait tirée de cette volée de belles jeunes femmes riantes pour m'amener vers une rencontre avec le premier homme que j'avais aimé, à dix-huit ans — nous étions de nouveau jeunes —, puis la traversée de nombreuses horreurs, dont l'attaque d'un cavalier au cheval rouge, qui avait abaissé sa lance pour charger vers moi. J'avais reculé vers un arbuste dépourvu de feuilles, à l'air aride, mort, qui m'avait sauvé la vie, puis j'avais aperçu le visage accueillant de la déesse m'offrant paix et solitude dans sa demeure sereine, propre et bien éclairée. À la vérité, je semblais avoir plus peur de ce qu'elle m'offrait que du cavalier rouge, car je lui dis rapidement et spontanément : « Oh, non, je ne suis pas encore prête! », et le rêve se termina.

Cela m'avait pris un autre sept ans pour comprendre le déroulement de ces rêves et pour les voir comme des expressions, aux niveaux symbolique et parfois archétypal, du progrès de la vie de mon âme de femme, de l'enfance à une certaine maturité. Cela m'avait pris toutes ces années pour comprendre clairement la nature de la crise à travers laquelle je passais, croyant d'abord que ces rêves n'avaient à voir qu'avec mon changement de vie, et, par conséquent, avec la perte de mes amies intimes ainsi que de ma vie indépendante, tournée vers le plaisir (quoique aussi remplie de labeurs).

En fait, la figure mystérieuse de la naine — qui avait plutôt l'air de ma belle-mère, une femme merveilleuse —, dont l'appartement ressemblait à la maison de ma mère, représentait la maturité. Je crois qu'elle m'offrait la paix émotive et la sagesse du vieil âge. Elle me disait : « Ta jeunesse est passée, voici ce qui en reste. » Et je refusais cela, comme la plupart d'entre nous. Il est difficile de laisser derrière soi les passions de la jeunesse, l'espoir inlassable et le sentiment constant qu'une grande aventure nous attend. Je n'étais pas prête alors, il y a sept ans.

Je sentais que je devais reconnaître la femme déesse dans ces rêves, mais je ne savais trop comment le faire. J'ai lu suffisamment d'ouvrages féministes pour savoir que bon nombre de femmes ont pris une telle figure avec le plus grand sérieux et sont désormais des disciples de la Déesse, de la même façon que d'autres sont hindoues ou chrétiennes. Je résiste à une interprétation si littérale, et, comme je rejette toute forme de religion organisée et que je déteste la théologie, je peux difficilement faire partie d'une nouvelle église, indifféremment de ma vie personnelle et du fait que cette nouvelle religion célébrerait enfin le fait d'être femme.

Je n'ai assisté qu'à un rituel féministe, plutôt par accident : je me trouvais à Toronto pour l'Halloween, et une amie m'y avait invitée. Le plus satisfaisant était d'être avec des femmes qui, avec un sentiment mutuel de fierté et d'humilité, acceptaient leur condition de femme et la fêtaient. À cette rencontre, l'une des femmes nous raconta un incident survenu à une rencontre où elles étaient plus nombreuses, et où une femme, qui ne pouvait s'empêcher d'avoir le fou rire pendant que le groupe célébrait ses rituels, fut prise par les épaules et secouée : « Fais-le correctement! », avait exigé la chef du groupe à travers ses dents serrées. Ce n'est qu'un incident isolé, me suis-je dit, mais qui pourrait se terminer par l'inquisition. Il ne nous faut pas répéter les erreurs des hommes dans notre compréhension, notre fierté et notre force nouveau-nées.

Et pourtant il y a une âme féminine qui, pendant des siècles, a été enchaînée, enjolivée et qui se pavane pendant les occasions spéciales, où elle est admirée, à laquelle on condescend puis que l'on congédie, et à qui on ne permet jamais de s'épanouir jusqu'à ce qu'elle atteigne sa beauté et son pouvoir à vous en couper le souffle. Cette âme a été tordue et pervertie, ce qui a donné des horreurs comme la chirurgie plastique et l'anorexie, et le stupide culte de la jeunesse. Même aujourd'hui, dans la plupart des régions du monde, les femmes sont, au mieux, des citoyennes de deuxième classe, et au pire, des esclaves. Je crois sans l'ombre d'un doute à cette âme, et je crois aussi en une âme féminine archétype dans le monde mythique, le monde du temps des rêves, que nous rejoignons du moins dans les rêves et les visions éveillées, et qui informe nos vies quotidiennement en tant que femmes. C'est en cette âme, je crois, que nous devons puiser; c'est à son écoute que nos coeurs et nos âmes doivent être, parce que cette âme, plus que tout autre chose, est la vérité.

Cette crise personnelle, cette séquence de rêves, ces livres que j'avais lus culminèrent au niveau pratique en l'écriture de *Luna*. J'avais commencé à penser à ce livre fin 1984 et en avais terminé la première version en avril 1987. Le livre fut publié au printemps 1988, puis ne fut pas republié[9]. De tous mes livres, *Luna* est celui qui suscite le plus de curiosité chez les gens qui l'ont lu ou qui veulent le lire, et dont quatre-vingt-dix pour cent sont des femmes.

Lorsque je commençai à écrire *Luna*, j'aurais pu, à ce point tournant, retourner au livre sur les femmes que j'avais essayé d'écrire environ sept ans plus tôt et dont la protagoniste était une femme de carrière vivant dans une région urbaine, mais je ne le fis pas. Je choisis plutôt d'écrire à propos des femmes des régions rurales, des femmes qui vivaient des vies traditionnelles, parce que je croyais que les thèmes seraient plus faciles à trouver ou qu'il serait plus facile d'élaborer sur ces thèmes, puisque ces vies étaient toujours semblables à celles que les femmes avaient vécues pendant des millénaires : donner naissance à des enfants et les élever jusqu'à l'âge adulte, cultiver des aliments et les préparer pour la famille, confectionner les vêtements des membres de la famille. Ces femmes vivaient à l'intérieur de la maison et du mariage, sans carrière, dans une entreprise — la ferme ou le ranch — qui était nécessairement familiale.

Une grande partie de cette vie est toujours vécue dehors, dans le jardin, à dos de cheval, à conduire des camions dans des champs de blé, de foin ou dans des pâturages, et à participer à des événements sociaux, qui, à la campagne, sont le plus souvent tenus dehors. Comme je l'ai déjà dit, dans un milieu rural, on a le sentiment que la nature nous entoure et est une partie intégrante de la vie, de même que l'est l'étude constante du ciel et du temps, des champs et des collines. On finit par intégrer

[9]NdlT : une seconde édition de *Luna* a été publiée en 2000.

le rythme de la nature : son cycle sans fin, le lever et le coucher quotidiens du soleil, le cycle lunaire mensuel, les saisons, les naissances, les morts et les renaissances, telles qu'elles sont présentes chez les animaux de la ferme, chez les animaux sauvages, dans les jardins et les champs. Une femme de milieu rural peut se sentir beaucoup plus attachée à la nature qu'une femme de milieu urbain parce que l'exemple de la nature est partout autour d'elle, et le rythme de la nature est celui du féminin.

Les femmes de *Luna* essaient, comme moi, de comprendre le sens — les dimensions, la forme et les frontières — de leurs vies en tant que femmes. Elles luttent pour établir les contours de la place que leur rôle de mère occupe ou devrait occuper dans leurs vies non seulement de femmes, mais de personnes, d'âmes humaines dans l'univers. C'est pourquoi j'ai commencé par l'idée d'un Créateur féminin et de tout ce que cela pouvait entraîner. J'ai fouillé dans la préhistoire et la mythologie, et ai structuré le livre de telle manière qu'il est devenu une recréation moderne des Mystères grecs.

J'ai trouvé tant de choses belles dans la vie traditionnelle, où le rôle éducateur du féminin peut s'épanouir pleinement, alors que dans une ville ce rôle n'est pas si aisément accepté, en raison de la dispersion d'énergie propre à la ville, de l'impossibilité d'élever une famille avec un salaire d'ouvrier, de telle manière que la femme doit avoir un emploi hors de la maison, et parce que la plupart des gens n'ont pas de petit lopin de terre sur lequel faire pousser des légumes et des fruits pour leur usage particulier. J'avais décidé que *Luna* serait à propos de femmes modernes qui vivent une vie traditionnelle, mais je pensais également à ma propre vie et à ma lutte pour trouver une manière de vivre qui soit profondément satisfaisante. Ma tête était également remplie des vies de ma mère, de mes grands-mères, tantes, soeurs et cousines.

Je pensais à mes amies dans la ville et à leurs luttes pour

réussir à équilibrer la vie de famille et la carrière, et à la destruction et à la douleur qu'apportaient les divorces, si communs en ville; je songeais à toute une génération d'enfants élevés dans la pauvreté avec un seul parent. Il me semblait clair que si les femmes avaient gagné en liberté et en autodétermination en abandonnant la terre par choix ou par obligation, elles avaient perdu de considérables avantages, le plus important étant un sytème stable de soutien pour élever leurs enfants dans la paix et la sécurité. L'absence de stabilité est une affreuse perte, dont la société n'a même pas commencé à sentir les pleines et horribles conséquences.

Néanmoins, si la vie traditionnelle avait été si bonne pour les femmes, pourquoi étaient-elles si nombreuses à espérer une vie meilleure pour leurs filles? Certes, la vie traditionnelle avait son mauvais côté, l'asservissement des femmes et leur déni de cette condition; les hommes, eux, abusaient de la dépendance des femmes, ce qui parfois transformait les femmes en quelque chose comme des esclaves, les hommes les utilisant comme des objets sur lesquels passer leurs frustrations et leur rage. Moins souvent, le pouvoir formel étant nié aux femmes, une rare femme utiliserait le pouvoir inhérent à la féminité pour garder ses enfants soumis et son mari frustré dans sa masculinité. Bien plus souvent, toutefois, l'homme tiendrait pour acquis le dévouement total de sa femme — un dévouement qui implique l'oubli de soi — envers lui, ainsi qu'envers les enfants et la ferme. C'est en raison de situations comme celles-là, et des cycles incessants de travaux en campagne, que les femmes rêvent d'un avenir meilleur pour leurs filles.

Notre mère n'avait jamais été servile, ni notre père dominateur, mais j'essayais de penser à ce qui avait manqué plus spécifiquement à ma mère dans sa vie, dont elle avait vécu la plus grande partie traditionnellement, élevant des poules, cultivant un immense jardin et confectionnant nos vêtements, des salopettes — dans lesquelles courir lorsque nous étions petites — aux robes de bals de graduation. Elle travaillait trop fort et n'avait jamais assez de temps pour les livres qu'elle aimait; elle avait eu plus d'enfants que prévu, et pourtant elle n'aurait jamais voulu perdre un seul de ses enfants. Elle voulait une meilleure éducation que celle qu'elle avait reçue durant la Crise; elle voulait plus d'art, de théâtre et de musique dans sa vie, un peu plus d'éclat, un peu plus d'aise. Elle serait sûrement d'accord avec moi pour dire qu'elle rêvait d'une vie plus satisfaisante pour elle-même. Ce ne sont pas des choses qu'il est mauvais ou même déraisonnable de désirer. Tous ces désirs reviennent d'ailleurs comme des leitmotivs chez les femmes de cette génération en Saskatchewan.

Même si j'admirais les femmes de mon entourage, je doutais d'être un jour heureuse si j'adoptais leur mode de vie traditionnel. C'était un mode de vie qui avait certainement sa noblesse, mais il offrait le réel risque de faire une vertu de l'inhérente possibilité du martyre, un mode de vie féminin et une attitude pour lesquels je n'éprouve aucune admiration. Il me semblait évident que ce mode de vie ne me donnerait pas l'occasion d'explorer mes dons, toutes les possibilités que je croyais avoir en moi, ou, du moins, que je voulais tester, que le résultat soit une réussite ou un échec. Pour beaucoup d'entre nous, la vie offre plus que la ronde des activités comme le jardinage, le changement de couches, le lavage et la cuisine, qui semblent tant accaparer la vie de la femme traditionnelle. Le fait d'être femme implique beaucoup plus que cela; je veux un peu de cette vie plus large que les hommes semblent mener.

Ce que je n'avais pas réalisé à l'époque, c'est que je n'étais pas la seule à lutter pour me créer une vie dans un monde abondamment satisfaisant pour les hommes mais étouffant pour nombre de femmes, malgré leur amour pour leurs familles et pour la vie rurale. Les femmes ont aussi un intellect; le cerveau humain possède une intrinsèque, intuable, vitale et vivante curiosité, un besoin absolu de nouvelles stimulations sensorielles, d'intéressantes idées, un besoin de défis et de croissance intellectuelle. Nous étions géographiquement très isolées : nous ne pouvions nous inscrire à des cours universitaires, crédités ou non; nous ne pouvions visiter de galeries d'art, entendre des conférences, des concerts, des pièces de théâtre; il était même difficile de se rendre au cinéma; si nous avions des professions autres que celles d'infirmières ou d'enseignantes, ces professions ne pouvaient être poursuivies sans que nous déménagions en ville ou au village. Nous ne pouvions suivre la mode ou approfondir notre connaissance du monde excitant des femmes de la ville, ce qui, que nous le reconnaissions ou non, signifiait jouer un rôle égal à l'homme dans les sports, la politique, les affaires et les différentes professions.

Nous ne nous sentions pas toutes parfaitement satisfaites d'aider les hommes dans leur travail traditionnel d'ensemencer et de récolter à la moissonneuse-batteuse, de couper le blé en andains et de le mettre en balles, de châtrer le bétail ou de se lancer à sa poursuite, mais nous le faisions parce que nous considérions cette aide comme notre devoir et afin de voir nos maris heureux et l'entreprise prospérer (je ne pouvais m'empêcher de remarquer que si c'était notre devoir d'aider les hommes, nous ne voyions pas souvent les hommes dans la cuisine nous aider à faire les conserves, à changer les couches de bébé ou encore à coudre la robe de graduation de la fille). Et la vie traditionnelle, rurale, signifie que les femmes travaillent tout le jour pour les autres — des gens qu'elles aiment, il va sans dire, et dont le bonheur est leur bonheur — et doivent donc voler du temps à même le temps réservé aux activités de la maisonnée. Parce que le temps vraiment libre manque, une femme n'a pas le temps de partir à la recherche d'une activité qui lui serait satisfaisante, s'il était possible de trouver de telles activités dans son rayon géographique. Au-delà du problème de temps, il y a celui du revenu discrétionnaire. Dans un ranch ou une ferme, tout revenu discrétionnaire — qui va diminuant de nos jours — tend à être réinvesti : pour de la nouvelle machinerie, plus de terres, les édifices de la ferme ou pour l'acquisition de bétail, pour payer la dette omniprésente, ou pour les enfants, que ce soit afin de leur payer des études ou afin de leur permettre de démarrer leur vie d'adulte ailleurs.

Il y a quelques années, lors d'une soirée dansante, dans le contexte d'une conversation dont je ne me souviens plus, je fis la remarque aux couples qui étaient assis avec Peter et moi : « Cette vie est géniale pour les hommes, mais les femmes y laissent leur peau. » Il y eut un silence de mort autour de la table, et je n'ai jamais su si c'était en raison de l'embarras causé par le tabou que j'avais exposé en parlant ou, comme je le croyais, si tous les couples à la table avaient eu de longues conversations angoissées sans solutions au coeur de la nuit sur ce sujet même. De fait, quel homme abandonnerait sa ferme ou son ranch et une vie qu'il aime seulement parce que sa femme se trouve moins que satisfaite? Mais j'ai pris des années à me rendre compte que ce n'était pas seulement mon problème, c'était un fait universel, du moins dans le sens où les femmes ont besoin d'activités satisfaisantes pour elles-mêmes, et plus de variété et de stimulations dans leur vie quotidienne.

À mesure que je lisais, écrivais et rêvais, il devenait clair pour moi que toutes nos vies de femmes en ce siècle étaient fausses parce que nous n'avions eu qu'un modèle de vie, qu'il avait été conçu par les hommes pour nous, et que cela nous avait déformées et nous avait perdues en haute mer. Nous ne retrouverions pas notre force, la rectitude de nos vies, et la beauté de notre état de femmes avant de trouver qui nous étions, notre essence de femmes. L'histoire de Perséphone me sembla être une histoire non seulement à propos de ma vie, mais à propos de la vie de toutes les femmes, volée à leur enfance et à la protection de leurs mères. Et ces femmes se retrouvaient dans le monde des hommes, d'Eros, sans jamais être des personnes de plein droit. Je pensais que si les femmes étaient par moments mesquines et étroites d'esprit, et se chamaillaient d'une manière peu caractéristique des hommes, c'était peut-être parce qu'elles n'avaient pas la dignité de leur féminitude, et qu'elles ne disaient jamais : *Je suis une femme,* comme les hommes se disaient : *Je suis un homme*, pour se rappeler la noblesse et le courage que cette image exigeait. Cette subjugation ne prendrait fin que lorsque chacune d'entre nous pourrait dire du fond de son âme *: Je suis une femme, la moitié du monde, je suis faite à l'image de la déesse*, de la même manière que les hommes, depuis au moins cinq mille ans, ont pu dire : *Je suis fait à l'image de Dieu.*

Les femmes perçoivent le monde différemment des hommes. Le percevant différemment, elles ont un savoir différent du leur, et si on les laissait expérimenter avec ce savoir, elles le vivraient différemment. En tant qu'écrivaine, je pensais : *Nous n'avons pas encore raconté nos histoires depuis la plénitude et l'unicité de notre féminitude. Nous n'avons pas encore dit la vérité au sujet de nos vies. Jusqu'à ce que nous clamions la vérité bien haut, peu importe qu'elle soit humiliante ou douloureuse ou en désaccord avec la version de la société, nous ne parviendrons jamais à savoir ce que nous sommes, ce qu'est notre monde d'expériences, et par là, ce que nos rôles pourraient être, ce que nous pouvons être.*

L'un des résultats de mon long séjour dans une nature sauvage métaphorique fut qu'il me fallait écrire depuis cet endroit profond, abandonné, ignoré et discrédité en moi où je trouverais sûrement ce qu'il y avait en moi de totalement femme. Je pensai que la seule manière de trouver ce qu'une femme était ou pourrait être était de ne dire que la vérité de ses sentiments. J'avais jusque-là tendu vers une écriture que les chercheurs appelaient dédaigneusement « confessionnelle ». Désormais, je me disais : *Je suis une écrivaine; pourquoi écrirais-je sinon pour exprimer la façon dont je perçois le monde?* Je voulais retrancher ce qui m'avait été enseigné, fermer mes oreilles et ma porte, et n'écrire que depuis la région la plus profonde en moi pour dire comment les choses m'apparaissaient, ce que je pensais honnêtement de ma vie et de la vie des femmes, ou mieux, ce que je ressentais honnêtement, avant de le penser, à propos du monde et de mon expérience dans ce monde. J'utiliserais le matériel autour de moi, mais je le verrais avec mes propres yeux, l'entendrais avec mes propres oreilles, l'éprouverais avec mon propre corps.

Parce que j'écrivais un roman au sujet de vies de femmes, l'une des questions que j'examinais avec sérieux était pourquoi je croyais ne pas pouvoir entretenir d'amitiés avec les femmes de la campagne comme celles que j'avais entretenues avec des femmes de la ville. De quoi parlais-je avec mes vieilles amies dont je ne trouvais personne avec qui parler ici? Les conversations avec mes amies de la ville avaient, au départ, un haut degré d'intimité, même dans des amitiés de courte durée, des amitiés qui, ici, autant que je puisse en juger, semblaient prendre des années à se construire. C'était une des différences. L'autre était le sujet des conversations. Mes amies de la ville et moi avions parlé de sentiments plus que tout, me semblait-il. Avec une grande subtilité, des tons, des nuances de sentiments et d'émotions étaient disséqués, mis à nu. Cela, à un degré que mes amies de la campagne auraient trouvé obsessionnel, curieux, voire dépassant les limites du bon goût. D'un côté, elles auraient trouvé que cela concernait la vie privée, et de l'autre, que ces conversations se rapprochaient des banalités et faisaient perdre du temps quand il y avait du travail à faire.

Peut-être y avait-il plus que cela — au-delà, bien sûr, du fait inévitable que toutes mes amies de la ville appartenaient au milieu universitaire, où la parole était hautement valorisée en tant que moyen d'explorer des idées et de les développer, où l'on pouvait faire valoir son esprit et sa capacité d'exprimer des idées, un bonheur partagé, la conversation y étant une forme d'art. Mais alors que les universitaires croyaient que tout peut être dit et qu'on pouvait en tirer profit, les gens de la campagne tendaient à soutenir la vue opposée, sentant que beaucoup de choses valaient mieux être tues, et qu'un silence judicieux possède parfois une plus grande éloquence, ou qu'il est pour le mieux. Même au cours des rencontres au café du coin, où la parole était facile, ce type de conversation prévalait.

Je suis une écrivaine; je suis une penseuse et parfois une parleuse. Rien ne me paraît entier et réel avant que j'en aie parlé ou, comme c'est le plus souvent le cas, que j'aie écrit sur le sujet, puis biffé ce que j'ai écrit, puis que je l'aie récrit et récrit jusqu'à ce que les mots aient du sens. J'irai toujours trop loin, examinant les nuances trop minutieusement pour la vie quotidienne. Je vois maintenant que mes attentes étaient faussées depuis le début; ces anciens tête-à-tête venaient d'un autre style de vie, d'attentes et d'expériences différentes, d'un tissu de vie quotidienne différent. Ces conversations, pour ainsi dire obsessionnelles, étaient notre façon de gérer nos destinées avec les moyens du bord. Toutefois, si c'était notre façon de faire, ce n'était pas celle des femmes de la campagne.

J'habite désormais un nouveau monde, où l'on passe à travers les difficultés en fournissant des efforts physiques, en faisant des conserves et de la couture, en opérant la moissonneuse-batteuse, où l'on allège la peine, la rage et la déroute devant le ciel et les collines, l'herbe et le vent, le chant des sturnelles et les cris nocturnes des coyotes, dans le mystère des aurores boréales, de la lune et des étoiles.

Avec les années, il devint de plus en plus clair pour moi que je ne pouvais vivre comme les femmes de mon entourage, quelle que soit la beauté de leur vie. Peter ne s'y attendait pas; je n'avais pas d'enfants à la maison de qui m'occuper, c'était de la folie, me semblait-il, de vivre la forme sans le contenu — mettre des aliments en conserve pour personne, changer les draps deux fois la semaine et les repasser pour quelqu'un qui s'en fichait assez ; moi-même je m'en fichais, comme je restais seule de jour dans une maison vide. Cela me prit un moment pour comprendre cela et l'accepter pour de bon, et c'est comprendre qui me prit le plus de temps.

Une fois que je fis face à ma situation, que je ne pouvais effacer mon passé et tout ce que je savais, c'est-à-dire mon histoire personnelle, la prochaine étape s'éclaircit pour moi un jour que je regardais par la fenêtre nord-ouest vers la butte distante qui marquait l'endroit où l'histoire de la ville d'Eastend avait commencé. Les femmes d'ici avaient raison : j'étais différente des femmes qui étaient nées ici, y avaient grandi et y avaient vécu leur vie d'adulte. Cela ne servait à rien d'essayer d'être comme elles; il était temps que j'arrête même de penser à essayer. Il était temps que j'accepte ma vie pour ce qu'elle avait été, temps que je m'accepte pour ce que j'étais.

À partir de ce moment, les choses devinrent plus simples. Je ne faisais plus d'efforts pour camoufler mes différences, et je ne me sentais plus inférieure parce que je n'arrivais pas à faire les choses pour lesquelles les autres femmes étaient si compétentes. Après dix ans, je m'étais adoucie, et en groupe, je n'étais plus si différente. À la fin, après tant de chagrin, c'était une idée si simple, une idée à laquelle quelqu'un d'un peu plus sage ou mûr que moi en serait venu immédiatement.

Ayant accepté la personne que j'étais ou que j'étais devenue, je me rendis compte qu'il fallait que j'accepte par la même occasion certaines conditions, dont l'une serait ma solitude. Je ne ressentirais plus, au milieu d'un groupe de femmes, l'intimité partagée avec des amies que j'avais ressentie dans la ville. C'était vrai, trop de choses nous séparaient, dont une grande partie était ma vie d'écrivaine professionnelle, avec la solitude qui l'accompagnait et son énervante publicité.

Mais peut-être plus que ma venue à la compréhension que je vivrais ici dans le contentement, je saisissais la vraie nature de la longue crise à laquelle j'avais survécu et le sens des rêves que j'avais faits. Je voyais désormais que ma traversée des épreuves avait été déclenchée par ce soudain et spectaculaire changement dans ma vie lorsque j'avais laissé la ville derrière moi et que j'étais arrivée dans un environnement étranger pour y faire ma vie. Toutefois, alors que pendant des années j'avais cru que ma crise était spécifique et avait à voir avec la manière dont je vivais dans cet environnement, j'en vins douloureusement à voir qu'elle avait été quelque chose d'entièrement différent. J'étais passée à travers une crise du midi de la vie, ou simplement une crise de premier ordre. On doit faire face à cette crise lorsque les signes du vieillissement ne peuvent plus être ignorés, lorsque les plus vieux membres de la famille meurent et que, pour la première fois, l'on fait face à l'inévitabilité de sa mort. Cependant, pour la majorité des gens, cette crise apparaît comme une vague insastisfaction, une perplexité, voire une dépression sans cause apparente, une évasion des confins de sa vie, mais une évasion destructrice. Il en résulte parfois un effondrement complet. Dans mon cas, parce que j'avais été la plupart du temps seule, parce que j'avais une tendance à la recherche, une nature artistique, et aucun important problème pratique, j'avais permis à cette crise d'éclater. Je n'avais pas lutté contre elle; je m'en étais en fait réjouie, et n'ayant personne pour m'aider, j'avais résolu de m'attacher à la comprendre. Avec l'aide de nombreux livres formidables et de mon journal comme analyste à l'écoute, je m'en étais sortie.

Bien qu'une grande partie de ce processus soit au-delà de ma compréhension même aujourd'hui, je voudrais dire combien nourrissante, éclairante, réconfortante et pourtant déroutante la nature fut pour moi pendant cette période. Mes perceptions les plus intéressantes et mes expériences les plus perturbantes arrivèrent pendant mes promenades solitaires dans la prairie; j'en vins enfin à saisir ma vie comme étant une manifestation, une part de cette vie plus vaste dont je me sentais entourée. Si, grâce à la nature, j'en vins à mieux comprendre ma propre vie, j'en vins également à mieux comprendre la vie en général. Je ne peux imaginer comment y arriver — c'est-à-dire si l'on est femme, et que l'on n'a pas d'aide — au centre d'une ville. La seule manière possible d'en venir à une compréhension de la nature est en se trouvant soi-même dans la nature. En tant que femme, je crois qu'en venir à une compréhension de la nature et construire une relation avec elle est essentiel pour se comprendre soi-même.

Dans mes ruminations sur les liens entre l'âme féminine dont j'ai parlé, la Femme sage apparue dans mes rêves lorsque j'en avais le plus besoin et la nature comme entité féminine — ou les femmes, qui, sous certains aspects, sont synonymes de la nature —, je ne puis en venir à aucune conclusion solide. Parfois je songe que la petite vision qui m'avait visitée le matin où j'avais commencé ce livre, celle de ce magnifique champ où je marchais, que je considérais comme un présage ou une bénédiction, ne m'avait pas été donnée par les esprits du passé, comme je l'avais cru, mais était plutôt une manifestation de la nature elle-même. Je me suis demandé si la femme de mes rêves et cette brève, exquise vision, si réconfortante pour l'âme, n'étaient pas une seule et même vision.

CHEZ MOI

Pendant les années où je cherchais mon chemin dans la forêt des illusions, le monde autour de moi n'était pas statique. En fait, le monde de l'agriculture faisait également face à une crise, une crise de proportions si énormes que chacun autour de moi en était affecté à un degré ou à un autre. L'un des facteurs les plus importants était la sécheresse. Voici un extrait de mon journal de cette époque :

> *29 juin 1984, dix heures du matin. Il fait quatre-vingt-onze degrés Fahrenheit et le vent doit être de cinquante milles à l'heure. Le vent chaud et l'absence d'humidité (juillet dernier a connu trois jours de pluie, puis nous n'avons plus rien eu depuis) ruinent le foin et les récoltes de céréales. Même mes jardins potager et de fleurs ont cessé de pousser. Le ciel est d'un bleu pâle et poussiéreux à l'horizon, et à une hauteur que la poussière n'atteint pas, il est d'un vif bleu estival.* Anxiety Butte *s'éclipse derrière le brouillard de poussière. Le foin de la récolte est court, fluet, et se dessèche depuis les pieds des tiges, et le chiendent à crête de la cour a les extrémités blanchies et le reste de la tige d'un brun-gris pâle. La route s'effrite et devient poussiéreuse. Tout a l'air blanchi, même l'air, même l'herbe et les arbres qui ont été arrosés et qui sont verts. La terre entre la porte arrière et la haie de carragana est blanchie*

et craquelée sous l'effet du vent. Les gens qui ont prorogé l'échéance d'un paiement (dans l'attente de la récolte) s'inquiètent à s'en rendre malades.

13 h 20 : 38 degrés Celsius.

14 h : 39 degrés à l'ombre, sur la terrasse. Le vent souffle toujours.

17 h 30. : une tempête de poussière. Depuis quelque temps, des nuages — des nuages amenant le tonnerre, qui n'ont pas l'air dangereux — s'amoncellent, arrivant du sud; on entend occasionnellement le tonnerre depuis environ une heure. Je lève les yeux et vois une tempête de poussière arriver vers nous du sud-est. Les alentours sont oblitérés par l'air chargé de fines particules brunes. La tempête n'a duré qu'une dizaine de minutes, puis s'est évanouie pour laisser place à une pluie subite et brutale. La température a baissé d'environ quinze degrés, jusqu'à vingt-trois degrés Celsius, mais le vent continue de plus belle.

* * *

16 juillet 1984 : tout le bétail a été évacué des pâturages A.R.A.P[10] *trois mois à l'avance parce que tous les points d'eau ont séché. Le bruit constant du vent dans les oreilles.*

* * *

1er septembre 1984 : nous n'avons presque plus d'eau ici. La rivière est presque à sec.

* * *

29 juillet 1985 : notre récolte de céréales a été complètement perdue.

* * *

L'été 1984 établit des records de canicule entre le 1er et le 11 juillet. Peter avait rapporté que la récolte de foin était la pire

[10] NdlT : Administration du rétablissement agricole des prairies (Source: Termium).

depuis qu'il avait repris la ferme fourragère en 1965 alors que de jeunes sauterelles avaient envahi l'herbe. Les cultivateurs de la Saskatchewan, les plus atteints par la sécheresse, commencèrent à tenir leurs premières réunions sur la sécheresse afin d'obtenir de l'aide du gouvernement, et chacun tenta de se créer des réserves immédiates, cependant que ceux qui se trouvaient dans les positions les plus précaires commencèrent à perdre leurs fermes. En général, les gens croyaient que ce n'était qu'un autre de ces cycles relativement prévisibles de sécheresses, que ceux qui le pouvaient n'avaient qu'à en attendre la fin, et que la prospérité reviendrait.

J'avais un toit sur ma tête et trois bons repas par jour parce que Peter élevait du bétail et le vendait au marché, parce qu'il avait des terres arables (cultivées par d'autres). Qu'il pleuve ou non, que le vent souffle ou non, que le printemps soit hâtif ou tardif, que l'hiver soit plus glacial ou plus clément qu'à l'habitude, que la neige soit plus ou moins abondante, était aussi important pour moi que ce l'était pour les gens au milieu de qui je vivais. Sans trop m'en rendre compte, j'avais commencé à surveiller le ciel pour y lire des signes de pluie, de fronts froids, de tempêtes ou de chinooks bénis; j'avais commencé à étudier la formation des nuages et les couchers de soleil pour récolter des indices du temps qu'il ferait le lendemain. Au début des années quatre-vingts, lorsque la pluie vint à manquer, la sécheresse m'intéressait sérieusement, et autrement que pour ses seuls effets sociologiques.

Une conséquence importante de cette sécheresse était que nous avions dû vendre un camion plein de vaches et de veaux, ce qui ne s'était jamais vu au ranch Butala et qui voulait dire quelque chose comme de commencer à vivre de son capital au lieu de vivre des intérêts, ou quelque chose comme de vendre des parcelles de sa terre. Peter prit cette décision parce que la sécheresse signifiait qu'il n'y avait plus de foin pour nourrir ses animaux pendant l'hiver, et comme aucune herbe n'avait poussé, le bétail ne pouvait brouter : en conséquence, nous dûmes acheter beaucoup de moulée très chère. Pour la première fois depuis longtemps, les éleveurs de bétail avaient un avantage sur ceux qui ne faisaient que cultiver des céréales, parce que nous, les éleveurs de bétail, pouvions du moins vendre le bétail, alors que les gens n'ayant que des céréales à vendre, pour le peu qu'il en restait, rencontraient des problèmes supplémentaires n'ayant rien à voir avec la sécheresse.

D'autres facteurs étaient à l'oeuvre qui n'avaient pas été prévus par les cultivateurs durant le bon temps. De façon générale, les coûts du matériel pour la culture — fertilisants chimiques, herbicides, pesticides, machinerie et essence — avaient grimpé de trois cents pour cent durant cette décennie qui avait commencé avec les immenses récoltes de la dernière moitié des années soixante-dix — des années exceptionnelles ayant rapporté des sommes qui avaient modifié l'économie agricole — et s'était terminée avec la première moitié des années quatre-vingt, pendant lesquelles la manne avait considérablement diminué.

Comme si la sécheresse et l'augmentation des coûts de l'agriculture n'étaient pas suffisants, les taux d'intérêts des banques avaient atteint des sommets surprenants — jusqu'à vingt-quatre pour cent sur des emprunts, et comme presque tous les gens d'ici géraient leurs fermes ou leurs ranchs grâce à des prêts d'exploitation, le système fiscal avait commencé à diriger les gens vers la faillite, indépendamment de leurs capacités à faire pousser des céréales ou à élever du bétail. En 1989, la sécheresse était terminée presque partout, mais peu importait que l'on puisse cultiver les céréales ou non, car ou bien nous n'arrivions pas à les vendre, ou les prix que nous obtenions étaient plus bas que les coûts de production.

Pour la première fois, les agriculteurs réalisaient qu'ils

n'allaient pas pouvoir vaincre la compétition féroce sur les marchés des céréales. Des pays qui avaient jadis acheté des céréales canadiennes étaient depuis devenus des exportateurs de céréales, cependant que d'autres devenaient autosuffisants. Puisque les acheteurs se faisaient plus rares, les vendeurs connaissaient une compétition plus féroce, et les prix des céréales atteignirent des minimums encore jamais connus de cette génération de cultivateurs. On parlait constamment de l'effet de serre — du réchauffement de la planète — qui ruinerait le climat de l'Ouest pour la culture des céréales. En outre, personne ne voulait l'admettre, mais dans certaines parties du triangle Palliser, le sol se mourait — ces terres étaient à peine cultivables, et on leur en avait demandé trop pendant trop longtemps. Ce n'était pas seulement que le présent était pauvre et de mauvais augure, c'était que l'avenir, au lieu d'être sans limites, était devenu un mur de briques.

J'entendais des conversations sans fin sur la situation : les amis de Peter passaient prendre un café, et nous faisions de même. J'entendais l'étonnement, la colère, l'amertume, la tristesse, les conversations pleines de « si », et les solutions potentielles rêvées par l'un et par l'autre. Ce qui me surprenait, c'était à quel point les échanges étaient civilisés, quelle que soit la situation de l'un et de l'autre. Les gens semblaient se sentir sans ressources pour obliger les pouvoirs en place à effectuer les changements nécessaires afin de sauver les fermes et les cultivateurs. J'avais l'impression que la plupart d'entre eux commençaient à s'apercevoir qu'aucun palier de gouvernement n'avait la moindre idée de ce qu'il fallait faire — ou qu'ils le savaient, mais refusaient de le faire pour des raisons politiques. Il y eut des rassemblements et des manifestations, mais comparées à la rage, par exemple, des émeutiers de Los Angeles, qui, dans une orgie de violence, brûlèrent, pillèrent et mirent la ville à sac en réponse au racisme qui assombrissait leur vie, comparées au militantisme critique des cultivateurs français, les protestations des cultivateurs des prairies — dont les vies étaient aussi affectées d'une manière que les citadins ne pouvaient guère imaginer — me semblaient étonamment voilées.

Mais aussi, je crois que la plupart des agriculteurs demeuraient en partie incrédules, ne réalisant pas pleinement l'étendue et l'apparente irréversibilité de la catastrophe. Élevés pendant deux générations avec le mythe que le Canada était le « grenier du monde », nous trouvions difficile de remettre en question une croyance si fondamentale — la structure sur laquelle trois générations avaient bâti leur vie et toute une société —, de reconnaître que ce n'était plus vrai, que ce ne l'avait probablement jamais été. Si la faute fatale des agriculteurs avait été la démesure, et je crois que c'était le cas, ils y avaient été amenés par des gouvernements myopes, par leurs soi-disants experts — qui n'étaient eux-mêmes que des gens du peuple avec des diplômes —, et par des corporations agraires et des institutions financières dont les seuls mandats et intérêts étaient de faire autant d'argent que possible à partir du travail et des épreuves des autres.

D'innombrables articles de revues et émissions de radio ou de télévision ont été consacrés à cette situation, et nul doute que quelqu'un, quelque part, en est à écrire un ouvrage qui fera autorité sur la fin des fermes familiales dans les prairies canadiennes. Dans les années quatre-vingt, rien n'était plus comme il l'avait été une décennie plus tôt. Lorsque la nécessité le dictait et qu'on pouvait trouver des emplois, les gens de la ferme travaillaient loin de la ferme. Des femmes qui avaient toujours pu participer aux travaux de la ferme et conduire les enfants aux activités parascolaires travaillaient soudain dans des banques, caisses populaires, épiceries, écoles, hôpitaux ou foyers pour personnes âgées, des emplois qui, s'ils pouvaient aider à rejoindre les deux bouts, avaient peu ou rien à voir avec l'accomplissement de soi, et qui éloignaient les femmes de la satisfaction de passer la journée au milieu de la splendeur de la nature. En raison du stress imposé par l'économie, la vie rurale changeait si rapidement que la vie traditionnelle devenait de plus en plus difficile à conserver. J'avais quitté la ville pour un monde que je croyais idyllique mais qui désormais, avec une rapidité stupéfiante, se mourait.

Je commençai à considérer la vie des gens de mon entourage comme étant davantage que pittoresque, intéressante ou belle : elle était réelle. Ce n'était pas seulement que les pertes de ces gens étaient réelles en termes de douleur et de souffrances. Il m'était désormais clair que les cultivateurs de l'Ouest canadien avaient construit un monde à partir de leur sueur, de leur fonds de connaissances, passés d'une génération à l'autre — ces gens, ainsi que les membres de ma propre famille, avaient passé leur vie à travailler fort et à n'obtenir que de petites récompenses. Je trouvai difficile de perdre ce qui m'appartenait depuis si peu — les champs sauvages à perte de vue, les animaux, le rythme lent et significatif de la vie — et pourtant, c'était bien plus difficile pour ceux qui n'avaient jamais connu d'autre vie, comme leurs parents ou grands-parents avant eux.

Au même moment, je commençai à recevoir des téléphones de magazines, de journaux et de réalisateurs d'émissions de radio, qui voulaient qu'une écrivaine chevronnée vivant au milieu de la crise et directement affectée par elle puisse écrire pour eux. Cela également me poussa à considérer la genèse du phénomène d'une manière plus complète, plus fondamentale. Il me fallait étudier la situation comme un chercheur le ferait — mais j'avais l'avantage de posséder une bonne dose de scepticisme vis-à-vis la sagesse conventionnelle (pour la première fois depuis que j'avais quitté l'université, je me sentais reconnaissante de la formation que j'avais reçue aux études supérieures). J'avais les preuves que mes yeux m'offraient de l'histoire de ma famille, comme celle des gens de l'Ouest, et particulièrement des familles vivant dans le triangle Palliser, toutes connaissances qui manquaient à la plupart des chercheurs et journalistes qui venaient de Vancouver et de Toronto pour faire des reportages sur la Saskatchewan.

Et j'avais Peter, penseur non-conventionnel s'il en était, astucieux, patient, et dont les longs silences avaient caché bien des cogitations au fil des ans. Il avait ses idées sur les raisons pour lesquelles les choses avaient mal tourné, et mieux, sur ce qui comptait vraiment, quelles pertes comptaient au cours de la vie, réflexions qui me permettraient peut-être de discerner l'essence de la vie rurale.

Je pensais au récit de Thomas Hardy sur les travailleurs agricoles de l'Angleterre de la fin du XIXe siècle — *Tess d'Ubervilles* —, à Tolstoy, qui écrivait dans *Anna Karénine* à propos des paysans russes et de leur travail sur la terre, à Knut Hamsun, qui faisait la chronique, dans *Vagabonds*, des travailleurs pauvres de la Norvège. Je pensais au magnifique *Edenville* de Patrick White et, beaucoup plus tard, à *Histoire d'une ferme africaine*[11] d'Olive Schreiner. Je me souvenais de ma première tentative de roman, il y avait sept ou huit ans, qui devait être au sujet d'une femme monoparentale travaillant dans un milieu urbain, universitaire. Je croyais n'avoir rien d'autre d'intéressant à écrire. Désormais je voyais combien étroites — voire aveugles — mes perspectives avaient été.

J'avais fini par connaître mon coin de campagne, je m'étais tenue au milieu d'un champ de notre blé ruiné qui résonnait du chant des sauterelles, j'avais grimpé la clôture et m'était tenue avec mon mari dans les résidus de la récolte détruite par la grêle; j'avais aidé mon mari pour la naissance des veaux au printemps, je m'étais fièrement assise dans l'arène de vente

[11] 1883. Réédité par Phébus en 1995 sous le titre *La nuit africaine*.

pendant que l'encanteur vendait nos gros boeufs, j'avais tenu le tord-nez du cheval pendant que le vétérinaire lui faisait l'ablation d'une excroissance dans la face. Et j'utilisais tout cela, chaque incident, chaque étonnant détail de ma nouvelle vie, dans mon écriture. Si je ne pouvais rien faire d'autre, du moins pouvais-je accorder une attention précise et intense aux choses, du moins pouvais-je témoigner de manière détaillée et fidèle de ma vie ici. Ce ne serait pas la version intéressée de ceux qui avaient précipité cette catastrophe; ce serait la version de ceux qui l'avaient vécue et en avaient souffert.

Durant la période où j'écris ceci, nos vaches mettent bas. Durant les dernières cinq ou six semaines, j'ai assisté à la naissance de cinq ou six veaux, courant chercher l'équipement, aidant à mettre la génisse dans la grange ou dans le corral. Un jour, j'ai failli être écrasée par une vache qui avait décidé de passer par une barrière où je me tenais, comme je ne me décidais pas à partir ou à rester. Peter me taquina en me disant qu'il ne savait pas que je pouvais encore me déplacer rapidement. Je suis toujours aussi excitée de voir un veau émerger, au moment où il ouvre les yeux, les cligne, et que ses flancs tremblent à ses premiers respirs. Je me surprends toujours à dire, dans l'étonnement et la joie : « Il est vivant! » et « Bienvenue dans le monde! » à la petite créature. Si la lugubre inévitabilité de la mort est toujours présente dans la vie rurale, la surprise et la joie de la naissance le sont également.

Je ne sors plus tous les jours aider Peter. Nous sommes d'accord sur le fait que mon écriture est plus importante. Je ne suis plus aussi curieuse que je l'étais, ni aussi jeune. Peter a réagi, comme la plupart des gens, au manque de ressources en mécanisant le plus possible. Je regrette parfois cet état des choses, mais je sais désormais que je ne serai jamais aussi satisfaite, voire heureuse, que le sont quelques-unes de mes amies et voisines qui visitent leurs génisses enceintes avec une lampe de poche durant la nuit, les aidant à mettre bas. Elles conduisent des tracteurs, des ramasseuses-presses, des moissonneuses-batteuses, mettent en conserve des cornichons et des fruits, congèlent le reste, et le soir, elles jouent aux cartes, assemblent des courtepointes ou tricotent, ou encore rendent visite à leurs voisins. J'envie celles qui trouvent satisfaction dans de telles occcupations car, en elles, me semble-t-il, se trouve le calme, un sentiment de paix et de la simple légitimité d'une telle existence dont, pour quelque raison que ce soit, j'ai été exclue. Néanmoins, travaillant avec Peter durant toutes ces années, partageant les joies et les épreuves de cette vie de ranch, j'avais acumulé une autre, plus profonde compréhension du monde rural.

Les circonstances de la vie de nos voisins et de nos connaissances devinrent de plus en plus critiques et les conversations — dans les rues, dans les cafés, aux danses, aux réunions de familles — se firent de plus en plus désespérées. Les pertes étaient partout, de même que la peur, la colère, et une tristesse inexorable, car on reconnaissait la destruction d'une manière de vivre vieille de plusieurs générations et l'évanouissement des rêves d'avenir. Dans ce chaos, au sein d'idées contradictoires, j'essayais de comprendre l'entêtement des familles de cultivateurs à rester sur leurs fermes à n'importe quel prix. J'essayais de voir au-delà des raisons qui m'étaient données : parce qu'ils étaient trop vieux pour démarrer une nouvelle vie ailleurs, parce qu'ils ne savaient rien faire d'autre, parce qu'ils savaient la virtuelle impossibilité de trouver du travail dans les villages ou les villes durant une récession; j'essayais de voir même au-delà du droit moral qu'ils invoquaient — c'est la terre de mon père et de mon grand-père, et personne ne m'en chassera.

De toute évidence, il y avait davantage dans ce besoin de rester sur la ferme que ce qu'on en disait, bien que ces raisons aient été vraies. Plus j'y songeais, plus je partageais cette vie, plus il me semblait que les racines du chagrin et du réel désespoir de ces gens de la ferme étaient plus profondes. Parce que j'avais moi-même enfin connu une vie au sein de la nature, je commençai à croire qu'à la racine, la perte d'une ferme dépassait celle de la perte d'un gagne-pain ou d'un mode de vie familier, si difficiles que soient ces épreuves. La plus grande perte, me semblait-il, était celle d'un constant contact avec la nature et de ce que cela impliquait.

Je ne croyais pas en ces prophéties de l'imminence du salut, du retour de l'abondance de la fin des années 1970. Quand j'entendais des experts nous prédire que des technologies plus avancées nous sauveraient, j'avais des frissons, car il me semblait que c'était cette technologie omniprésente qui avait justement apporté le désastre. Lorsque j'entendis parler de grandes entreprises agricoles, je ne vis qu'un système féodal des temps modernes, où des gens travailleraient pour le profit de propriétaires terriens dont ils ne verraient jamais le visage. Lorsque j'entendis parler de solutions qui impliquaient que l'on exproprie les gens de leurs fermes, je ne vis que de dangereuses et invivables mégalopolis pleines de pauvres et de sans-abris — un paysage vide.

L'Amérique du Nord, obsédée par le progrès et les moyens technologiques pour l'atteindre, de plus en plus urbanisée, n'a pas réussi à garder une place pour les gens de la terre. Des milliers de gens, qui avaient vécu pendant des générations dans un monde rural, en ont été chassés. Nous avons violé nos ressources naturelles, les avons pillées. Nous avons surutilisé les pesticides, insecticides, engrais chimiques et des mégamachines pour dompter la nature, et dévalué le monde rural, son mode de vie ainsi que sa culture.

Il me semble immanquablement vrai que la condition critique dans laquelle se trouvent les fermiers est directement reliée à la question de la nécessité pour notre espèce de retourner à la nature. Si nous abandonnons les fermes et les cultivateurs tels que nous les avons connus depuis les derniers dix mille ans, nous abandonnons notre plus bel espoir de nous redéfinir comme enfants de la nature et de récupérer nos âmes perdues, car quel autre groupe d'importance en Amérique du Nord aurait leurs connaissances? Il ne reste que les Premières Nations, à qui nous avons fait la sourde oreille depuis leur conquête il y a cinq cents ans. Nous pourrions du moins nous montrer prêts à les écouter. Mais les différences culturelles — en particulier la religion — rendent notre écoute problématique. De plus en plus, nous savons dans nos coeurs qu'ils ont raison, qu'ils ont toujours eu raison, mais nous n'arrivons pas à trouver un moyen d'appliquer leur savoir, de le mêler à nos propres croyances afin d'en tirer un salut pour la terre et pour nous tous comme espèce.

Au niveau le plus fondamental se trouve le fait que toutes les valeurs que nous chérissons et considérons être à la base de notre culture, qui assurent sa continuité — mais qui peuvent difficilement rester vivantes dans les villes — continuent de prospérer dans les campagnes : des familles étendues tricotées serrées et des petites communautés, où la perte de n'importe quel membre laisse un vide, où la déviance est tolérée et ne signifie pas une vie dans la rue, où l'interdépendance tient de l'évidence, ce qui fait de la coopération un mode de vie, sans toutefois que soit détruite l'indépendance essentielle à la survie dans une campagne à la population clairsemée et au climat rigoureux.

Les gens de la campagne comprennent comment le monde a été bâti; il n'est pas apparu tout neuf et brillant le matin de leur naissance; leurs mères et pères l'ont construit peu à peu, chaque jour. Avec le plus fragile, le plus minimal système de soutien, les gens du monde rural ont appris à faire tout par eux-mêmes : construire des routes, des maisons, et des machines pour obtenir des récoltes qui les nourriront ainsi que des milliers d'autres. Pour être plus précise, je dirais que chaque fermier connaît ses terres intimement, les tendances météorologiques qui y sont associées, ce qui y pousse bien et pourquoi; il connaît les infimes variations en couleurs de ses récoltes, ce que signifie la manière dont elles poussent, et ce qu'il doit faire pour les améliorer. Aucune société ne peut se permettre d'effacer toute une classe de gens dont les connaissances pratiques, passées d'une génération à l'autre, restent vivantes.

Bien que nous ne puissions tous vivre sur la terre, il nous faut y conserver une proportion substantielle de notre population de manière à rétablir notre contact avec la nature. Par ailleurs, il est important que cette partie de la population vive sur la terre pendant longtemps, car il faut beaucoup de temps pour se sentir à l'unisson avec la terre. Pour cela, il est vital que ces gens ne soient pas poussés par le seul besoin de nourrir leurs familles, ce qui conduit toujours les gens à ignorer les besoins de la terre et à la surcultiver, à y laisser brouter trop d'animaux, ou à cultiver des lopins de terres pauvres, ce qui signifie exploiter la nature au lieu de la nourrir.

Je trouve incroyable que les experts dans les universités et au gouvernement ne voient pas l'importance pour nous tous qu'un grand nombre de personnes restent en contact intime avec la terre, et n'incluent pas ce projet dans leurs équations au sujet de l'avenir. Jusqu'ici, il n'y a eu aucun effort concerté, que je sache, par les gouvernements, à quelque niveau que ce soit, pour aborder la question de la dépopulation rurale d'une façon créative. Tous les efforts ont jusqu'ici été basés sur la croyance que la vie rurale et celle sur une ferme ou un ranch doivent être synonymes. Aussi longtemps que nous poursuivrons nos raisonnements à partir de cette croyance étroite et sans fondements, étant donné les conditions actuelles du marché et la perspective du nombre toujours grandissant de pays autosuffisants ou exportateurs de nourriture, il est peu probable que nous trouvions une solution qui permette à un nombre considérable de gens de vivre en milieu rural.

Il y a des années, un vieil homme, qui avait été cultivateur et qui avait élevé des animaux sur cette terre toute sa vie, et avec qui j'engageai une conversation où nous spéculions sur l'avenir des gens d'ici étant donné les désastres financiers et le rapide déclin de la population, imagina qu'un jour il y aurait des gens sur chaque lopin de terre, comme c'était le cas durant son enfance. Je lui demandai comment cela pourrait arriver. Il n'avait pas de réponse, ne concevant aucun mécanisme qui produirait ce résultat. Lorsque je lui avais posé la question, il avait regardé au loin et avait répété son idée. Je ne pus oublier ses paroles parce que c'était un moment de toute évidence visionnaire, sans raisons, au-delà des faits. Il avait vu quelque chose qui était plus qu'un rêve, même s'il n'avait aucune logique pour le défendre.

On commence à considérer les idées prônant une nouvelle vie ici : des petites fermes spécialisées, des fermes de grandeur moyenne offrant un haut taux de diversification, des communes à bisons sans ferme, une technologie de pointe faisant ce que nous ne pouvons même pas imaginer sur d'énormes terres, des partenariats entre des familles urbaines et des familles de la ferme visant la production de nourriture pour une population spécifique, peu nombreuse; enfin, de nombreuses et vagues idées, plutôt insatisfaisantes.

La plus grande partie de cette terre, qui n'aurait jamais dû être divisée en raison de son faible rendement, doit être abandonnée à la prairie, ce qui exigera de l'argent, du temps, et un amour de la prairie indigène pour elle-même. En raison de l'extrême fragilité du paysage, un tel projet requerrait des années, probablement plus qu'une vie. Je ne doute pas que de nombreuses gens — que ce soit d'anciens fermiers chassés de leurs terres ou des citadins mourant d'envie de quitter la ville — soient ravis, si on leur donnait un salaire, de bons conseils et de l'équipement, de s'installer sur des quarts de section ou des demi-sections[12] à semer ou à enrichir, et de se dévouer comme intendants de la terre.

Je ne crois pas que la repopulation des grandes Plaines soit aisée, et je ne prétends pas savoir exactement comment il faut s'y prendre. Toutefois, une telle repopulation doit être fondée sur la croyance, comme je le disais, en une relation renouvelée avec la nature, car c'est dans une vie rurale florissante que réside le salut de notre nation. Nous devons d'abord commencer avec la vision et le désir; ce n'est pas l'intelligence qui nous manque pour mettre en oeuvre ce programme, c'est le leadership.

La plupart des environnementalistes sont urbains, et comme Neil Evernden l'a démontré dans *The Natural Alien*, la seule manière qu'ils connaissent de lutter contre le monde des grandes compagnies et les gouvernements est de présenter la nature selon les termes de ces derniers, en tant que ressources gérables, durables, et de taire une valeur autre — sa valeur innée, la primordiale. Cela me semble être le même genre d'erreur que les fermiers ont fait lorsqu'ils ont demandé à être pris au sérieux par les gens de la ville en affirmant que cultiver était comme faire des affaires, et que la vie sur la ferme n'était pas différente de la vie en ville, sauf qu'elle se passait hors des villes.

Ceux qui ont vraiment cru en cette idée — contrairement à ceux qui ont fait semblant de s'y intéresser — ont détruit la vie sur la ferme. Car la vie sur la ferme est incroyablement différente de la vie en ville, en dépit de la présence de fours micro-ondes, de lave-vaisselle, ainsi que de la rare présence de

[12]Une section équivaut à un mille carré.

piscines près des fermes. La vie sur une ferme familiale n'a jamais été un commerce comme d'autres commerces, et ne devrait jamais être considérée comme telle. Le meilleur dans la vie sur la ferme est qu'elle a lieu, jour après jour, au sein de la nature.

Je songe à la vision qu'avait eue ce vieil homme d'une campagne parsemée de maisons, elles-mêmes remplies de familles, d'enfants se rendant aux petites écoles de campagne, d'églises de nouveau remplies le dimanche, de danses de fin de semaine, de spectacles, de routes bien fréquentées, d'une culture vibrante, vivante, prospérant loin des villes. Le vieil homme vit cet endroit comme il l'était il y a soixante ou soixante-dix ans; je vois le même endroit, mais je le vois peuplé par des gens ayant une éthique différente de ceux qui peuplaient son enfance.

Je les imagine moins affligés par la pauvreté, moins menés par le seul besoin de survivre. Je les vois comme des gens conscients du lien vital que la communauté humaine doit maintenir avec la nature. Je les vois comme les gardiens d'un savoir vieux de milliers d'années, les gardiens, les intendants de la terre, et peut-être même, dans un monde meilleur que celui-ci, comme les sages hommes et femmes vers qui les autres se tourneraient pour être guidés et guéris.

Les souvenirs dorés qu'avait gardés ma mère de sa vie sur la ferme, où elle avait vécu jusqu'à l'âge de quatorze ans, puis ceux de la perte de la ferme en raison de la sécheresse, enfin de l'espoir insensé, toujours renouvelé, que mon père avait de retrouver sa ferme — auxquels je ne portais pas attention en grandissant — me revenaient maintenant. Désormais je savais qu'ils étaient mon origine; c'étaient mes gens également, qu'ils m'acceptent ou non, que je me sente chez moi ou non.

Je commençai à ressentir, avec l'immédiateté d'un coup de poing au ventre, non seulement ce que nous perdrions tous, mais plus particulièrement ce que je perdrais si Peter se retrouvait parmi les victimes de la crise. Chaque brin d'herbe, chaque trille d'un carouge à épaulette, chaque étincelle de soleil sur la rivière Frenchman qui coulait, presque à sec, près de notre maison, me semblaient plus précieux. Il me semblait avoir découvert un bon endroit, une bonne vie, juste à temps pour les perdre.

Pendant mes courtes visites à la ville, j'étudiais les maisons, les rangées de condos ou les nouveaux édifices à appartements, évaluant leur proximité les uns des autres, la superficie de leurs cours, les vues et visées de leurs occupants, essayant d'imaginer comment je vivrais de nouveau en ville et quels arrangements pourraient être pris si quelque chose arrivait à Peter ou au ranch. Me promenant parmi les collines ou le long d'étroites routes de campagnes, j'essayais d'imaginer la vie sans cet espace, sans cette présence proche et bienvenue de l'herbe et du ciel. Mon rêve à propos du rameau fleuri prenait un nouveau sens. Car, sans le réaliser, au lieu d'être incapable d'imaginer passer ma vie à la campagne, je découvrais à ma surprise que je ne pouvais imaginer survivre si je devais quitter la campagne pour retourner vivre en ville.

LA PERFECTION DU MATIN

Par un dimanche matin humide et froid, en fin d'août, après avoir passé une nuit blanche à me retourner dans mon lit, j'avais la tête qui résonnait d'une pagaille mêlante et mêlée de mots, d'idées, de souvenirs et de fragments de rêves, et j'étais trop fatiguée pour tenter d'y mettre fin. C'était un méchant matin, j'étais fatiguée et pas dans mon assiette, mais cela n'empêchait pas le chien de compter sur sa promenade matinale. Je n'arrivais pas à travailler, et je me sentis propulsée vers l'extérieur pour des raisons que, dans ma confusion et mon malaise, mon état altéré de conscience, je ne tentai même pas de clarifier. En fait, ma tête était si embrouillée que je ne me rendais même pas compte de mon état. J'enfilai ma veste et, mon chien à mes côtés, sortis.

C'était comme si j'étais dirigée par une force que je ne pouvais voir ou sentir, mais qui me poussait à me dépêcher — je courais presque —, qui avait pris le contrôle de mon cerveau, car je ne pensais pas rationnellement — je ne *pensais* même pas —; ma tête résonnait, mais rien ne se connectait à rien d'autre, et je ne pouvais retenir une pensée plus longtemps que l'instant qu'il fallait pour l'enregistrer. J'atteignis l'extrémité de mon champ favori, mis immédiatement le pied dans un trou caché de blaireau, ma jambe s'enfonçant jusqu'au genou, puis je tombai en pleine face dans l'herbe. Je me redressai, pensant que ma jambe était peut-être cassée. Je relevai mon pantalon : ma jambe n'était pas cassée, elle était indemne —: je ne sentais aucune douleur; j'avais plutôt une sensation de brûlement là où la chair et l'os avaient percuté le bord du trou. Je marchai plus lentement, l'incessant bourdonnement de ma tête disparut. J'étais plus calme.

Je finis par atteindre un monticule de roches dans un endroit élevé qui offrait un panorama spectaculaire de la campagne aux alentours. C'était une pente raide, et je n'avais pas consciemment choisi d'y monter, n'ayant pas de destination en vue, ne remarquant même pas où j'allais. Comme j'approchais des pierres, je me sentis de plus en plus troublée, de plus en plus bouleversée, et bien que j'eusse commencé à en revoir les raisons, je n'arrivais à en démêler aucune. Pourtant, plus j'approchais de ce tas de pierres, plus mal je me sentais. Lorsque j'y arrivai, le ciel s'était obscurci et il avait commencé à pleuvoir.

Je pensais que les rochers de cet endroit étaient un tas jusqu'à ce que je voie qu'ils formaient en fait un cercle. J'y pénétrai, m'agenouillai, et commençai à retourner les petites pierres, pour voir si l'une d'entre elles était une pointe de flèche. Ce faisant, mon malaise grandit tant que je me mis à pleurer. Lorsque je n'y tins plus — plus mon angoisse grandissait, plus j'essayais, entêtée, de l'ignorer —, je sautai hors du cercle et courus quelques pas en descendant vers la ravine. Mais déjà j'avais commencé mon monologue dans ma tête, comme si une partie de moi savait qu'elle avait affaire au surnaturel, quelle que fût ma résistance à l'envahissant malaise.

Parce que tu n'en vaux pas la peine — ces mots surgirent silencieusement dans ma tête. Fâchée, résistant de toutes mes forces à ce qui m'arrivait, je demandai : « Et pourquoi pas? Parce que je ne suis pas des Premières Nations? Parce que je suis une femme? Parce que je ne me suis pas d'abord purifiée en jeûnant et en priant? » Je m'arrêtai et me retournai pour regarder le cercle, et j'imaginai un chaman en costume — une longue tunique, je crois, une coiffe de plumes debout dans le cercle, faisant face au paysage, les bras levés dans une attitude de prière ou d'invocation. Je sus à ce moment que j'avais enfreint un site sacré.

Je n'y retournai pas avant un mois, avec un folkloriste de passage. Je lui parlai d'abord de mon expérience; il ne montra pas une trace de scepticisme. Je lui décris le cercle de pierres comme je me le rappelais : elles étaient toutes d'un beau granite rose et formaient un cercle parfait avec, au centre, une plate roche beige enfoncée dans la terre. Nous montâmes jusqu'à ce haut point, et pourtant au début, je ne pouvais distinguer le cercle. Puis je me rapprochai de ce que je croyais être un tas de roches, et là, au milieu, se trouvait la roche beige et plate dont je me souvenais pour y être tombée à genoux, et des petits cailloux éparpillés sur sa surface.

Le cercle était irrégulier, en partie défait par les éléments ou les animaux, et les roches, ou bien n'étaient pas du granite rose (mais il me semblait toujours que la plupart en étaient) de mon souvenir, ou étaient si recouvertes de lichen qu'il me fallut chercher les endroits sur les pierres qui en étaient dépourvus pour les identifier. Cela m'avait secouée.

Quelque chose que j'avais lu dans Jung se présentait à ma mémoire et, de retour à la maison, comme cela arrive parfois aux rats de bibliothèque, lorsque je pris *Souvenirs, Rêves, Réflexions*, le volume s'ouvrit à la section que je recherchais. Jung y racontait une expérience qu'il avait eue à Ravenne en visitant la tombe de Galla Placidia (la mère de Valentinien III — l'empereur romain d'Occident pour lequel elle prit le pouvoir jusqu'à ce qu'il ait l'âge requis —, qui mourut en 450 de notre ère), et qu'il qualifie d'un des « plus curieux événements de ma vie »:

Ce qui me frappa le plus était la douce lumière bleue qui remplissait la pièce; et pourtant, je ne m'en inquiétai pas du tout. Je n'essayai pas de justifier sa source, et donc la merveille de cette lumière sans source ne me troubla pas. J'étais plutôt étonné parce que, au lieu des fenêtres dont je me souvenais de la première visite, il se trouvait quatre grandes fresques mosaïques d'une incroyable beauté dont, semblait-il, j'avais tout oublié.

Jung décrit les fresques puis continue :

Lorsque je retournai à la maison, je demandai à une connaissance qui se rendait à Ravenne d'obtenir des photos pour moi. Il ne pouvait pas les localiser pour la bonne raison qu'elles — les mosaïques que j'avais décrites — n'existaient pas. En fait, les mosaïques avaient en effet été créées dans la basilique, mais au début du Moyen Âge, elles avaient été détruites par le feu.

Je vois une similarité entre ces deux expériences, qui ont à voir avec la fausseté de notre perception du temps comme linéaire. Ce que j'avais vu dans mon imagination était peut-être une scène qui avait pris place deux cents ans plus tôt, voire deux mille, à cet endroit même.

Mais je continuais de me demander pourquoi je ne serais pas digne de me tenir dans ce cercle sacré. Je voulais penser que c'était parce que je n'avais pas performé le rituel adéquatement, par exemple en jeûnant trois ou quatre jours auparavant, mais je doutais sérieusement que ce fût la raison puisque je m'étais senti poussée vers cet endroit. Des mois passèrent, une année; je continuai de lire, de penser, d'essayer de modeler mes rêves et mes expériences en un tout cohérent qui répondrait à toutes mes questions. Je lus l'essentiel du peu que les Amérindiens avaient écrit sur leurs croyances. Sans aucun doute, ces sociétés étaient dominées par les hommes; les femmes, bien qu'elles y aient eu leur place, étaient considérées comme inférieures aux hommes; pire, dans certaines sociétés du moins, seules les jeunes vierges parmi les femmes étaient considérées comme suffisamment pures pour prendre part aux rituels et cérémonies. Il n'y a pas longtemps, j'ai assisté aux obsèques d'une femme née et décédée ici dans son vieil âge. C'était une femme de la campagne, typique de sa génération, qui avait trimé dur toute sa vie, et qui était habile à toutes les tâches requises des femmes de ce milieu. C'était pourtant une femme ordinaire : elle s'était querellée, mais s'était donnée sans ménagement aux autres. Il n'y avait rien de remarquable dans sa vie : elle n'avait jamais écrit de livres, n'avait jamais eu de carrière, n'avait jamais reçu de prix, n'avait jamais tenu une haute fonction; elle n'avait jamais eu de pouvoir dans le monde sauf en tant que la femme de sa famille, un pouvoir qu'elle sous-utilisa peut-être. Et pourtant l'église était bondée et la foule se pressait dans le vestibule et même sur la pelouse.

Pendant que le ministre priait, j'essayais de comprendre pourquoi tous ces gens étaient venus à ses obsèques, pourquoi ils venaient à des obsèques de vieilles femmes comme elle, qui n'avaient pas laissé la moindre marque dans le monde.

Quoi d'autre? me disais-je, parce que, qu'on le dise bien haut ou non, qu'on se le révèle à soi-même ou non, nous savons tous dans nos coeurs que les femmes sont l'âme de ce monde.

Lorsque j'approchai de la fin de la première version de ce livre, je rêvai que je marchais dans les collines avec un troupeau d'étalons sauvages. Un étalon blanc marchait à mes côtés, sa tête près de la mienne. J'arrivai à un bassin formé par un cercle de collines vertes et ondulantes. Couchée sur un flanc au centre de ce bassin se trouvait une jument blanche. Elle venait de donner naissance à cinq poulains et pouliches. C'étaient de petits ballots emmitouflés comme des nouveau-nés dans une pouponnière d'hôpital; ils tétaient leur mère, étendus contre son ventre l'un à côté de l'autre comme des chiots. Plusieurs de leurs couvertures étaient tachées du sang de la jument, et du sang de la naissance tachait le sol.

Je m'arrêtai aussitôt, horrifiée, parce que je savais que l'étalon avec lequel je marchais essaierait de tuer les poulins et pouliches. Il était déjà frénétique — et le reste du rêve se désintégrait dans ma lutte pour tenir sa tête afin de l'empêcher de se précipiter sur les bébés et de les piétiner; j'étais en colère parce que c'était moi qui avais emmené l'étalon là, quoique involontairement, et je savais être responsable du dommage qu'il causerait si je le laissais s'éloigner de moi.

Lorsque j'étais une jeune femme, il y a plus de vingt-huit ans, venant de donner naissance à mon premier et unique enfant, je m'étais couchée un soir pour me reposer, et ma psyché, mon âme, avait transcendé tous les mondes dans les livres, et tout l'art que je connaissais, de quelque nature qu'il soit, mon passé et même mon avenir, pour me donner une vision de l'unité de l'univers. Depuis, pendant toutes ces années, j'ai médité sur cette expérience.

Même si je ressentais l'absolue, l'indisputable vérité dans chaque fibre de mon être, voyant qu'elle était indiscutable, je ne comprenais pas, je ne savais que faire de cette connaissance. Je ne pouvais absolument pas voir comment mon bébé, mon précieux et fragile petit enfant, pouvait être fait du même matériau que l'herbe, les arbres, le ciel. C'était inimaginable dans tous les sens, métaphorique ou réel. Élevée dans une lutte contre la nature pour survivre, instruite à une université de plus en plus vouée au progrès, à la transcendance technologique, j'étais depuis longtemps éloignée de la nature réelle, sous quelque forme que ce soit. Ainsi rejetais-je cette vision, ne pouvant même pas imaginer comment elle pouvait être vraie pour moi et pour la race humaine.

Une silhouette d'homme marchant à mes côtés, me chuchotant à l'oreille, mon compagnon intime. Il est temps d'abandonner cette figure, d'oublier les livres, d'oublier la sagesse populaire, tout ce que j'ai appris à l'église, à l'école, par l'Histoire et par mon amère expérience en société. Ici, dans ce paysage, toutes ces choses me demandent de ne pas tenir compte de ce que j'ai appris pendant ces années de ma vie. Elles me disent que je suis au pire assez folle, du moins sotte, bourrée d'illusions, romantique. Je résiste; bien que ce soit très difficile, je résiste de toutes mes forces.

Ce matin je suis allée me promener sur la route de terre qui suit les méandres de la rivière. Nous sommes à la mi-août d'un été particulièrement froid, et déjà, dans cette vallée, le soleil se lève plus tard, parmi le brouillard, qui ne vient d'habitude pas avant septembre. Mais à six heures trente déjà ce matin, le brouillard avait commencé à se dissiper. Les berges de la Frenchman sont encastrées à une profondeur de vingt pieds ou plus; au fond, un cours d'eau étroit serpente. Ce matin, sa surface était parfaitement lisse, et la brume, même si l'air était immobile, glissait sur cette surface en longues et paresseuses volutes horizontales. Sous cette lumière basse et oblique, la rivière était de couleur ferreuse, et de ma position fixe élevée, la brume paraissait tour à tour s'élever de l'eau et y être absorbée.

Un rat musqué apparut de la berge la plus rapprochée et traversa en barbotant d'un air pressé la rivière. Plus loin, un couple de canards et leur couvée, plus tout à fait des bébés, glissaient sur la surface de la rivière, laissant un sillage d'ondulations satinées s'élargissant. Un hibou hululait, caché dans les saules de Wolf sur la berge opposée, sa tendre voix féminine énonçant un message difficile à interpréter.

Je songeai à la perfection du matin, essayai de mettre des mots sur ce qui rendait le matin différent des autres moments de la journée. Était-ce sa tranquillité? Il était trop tôt ce jour-là pour entendre les camions de gravier rouler sur la route de section à un mille de là, et la matinée était trop humide pour que les fermiers sortent, équipés de leurs bruyants tracteurs et de leurs faucheuses pour la coupe du foin ou sa mise en balles. La récolte aussi était en retard : on n'entendait pas le rugissement des moisonneuses-batteuses à travers les champs surplombant la vallée. Je pensais que souvent, les dimanches, le silence durait la journée, comme les jours de pluie ou les journées hors saison; mais quelle que fût cette perfection du matin, elle n'était pas que l'absence des bruits créés par les humains et leurs machines.

Je regardai les collines sur l'autre flanc de la vallée, voilées par le brouillard, puis les collines les plus rapprochées, où les rayons du soleil avaient dissipé la brume. Je songeais aux premières heures des après-midi d'été, et à l'immobilité des animaux étendus dans leurs terriers frais, peletonnés dans l'ombre d'un taillis de peupliers rabougris ou de saskatoons, au moment où même les insectes se reposent sous les brins de comateuse ou sous de fraîches pierres rouges. Dans l'intense chaleur silencieuse, les collines, les pierres, les îlots de sol érodés par le vent et l'herbe aux bisons sont imprégnés de magie, un air d'un autre monde descend sur eux.

Et que dire de la fin du jour, lorsque dans un lavis de lumière dorée, toutes les imperfections disparaissent et que la paix s'étend du ciel lumineux aux herbes jaunes? Il s'y crée une telle perfection que tout désir de paradis est absorbé par les plaines embrasées et fragiles, et les collines radieuses.

La nuit tombée, alors que le ciel devient un tourbillon d'étoiles brillantes depuis son dôme, à une distance inimaginable, jusqu'à la ligne précise des collines, dans la noirceur vitale de ses ombres, la terre possède une solidité qui lui manque le jour. Nous nous retirons à l'intérieur, loin des secrets qu'il ne nous appartient pas de percer.

Ce matin, je me suis penchée pour humer un trèfle jaune, et une goutte de rosée fraîche et translucide s'est attachée au bout de mon nez. Depuis la rive, j'ai regardé, de l'autre côté, les herbes et fleurs jaunes et blanches des potentilles et des asters sauvages, les luisantes feuilles d'un gris bleuâtre des saules de Wolf qui tapissent la rive où des cerfs de Virginie ont façonné des sentiers en se rendant à la rivière matin et soir, et où, en ramassant des cerises à grappes, j'avais un jour entendu une biche parler à son faon.

Dans la pureté du matin, je comprends que le monde est infiniment plus riche qu'il n'y paraît à l'oeil non exercé; je vois que le monde ne se dissout pas à ses extrémités dans le mythe et le rêve par la seule volonté de qui l'en empêche. Je commence à comprendre le sens de cette vision. J'en vois maintenant la vérité.

PETER BUTALA
23 nov. 1934 – 9 août 2007

photographie Jennifer Dubé

SOURCES

Becker, Ernest, *The Denial of Death*. New York: The Free Press, 1973.

Bennett, John. *Northern Plainsmen: Adaptive Strategy and Agrarian Life*. Chicago: Aldine Publishing Company, 1969.

Brody, Hugh. *Maps and Dreams: Indians and the British Columbia Frontier.* Vancouver: Douglas & McIntyre, 1981.

Bullfinch, Thomas. *Bullfinch's Mythology of Greece and Rome with Eastern and Norse Legends*. New York: Macmillan Publishing Co. Inc., 1973.

Campbell, Joseph. *The Masks of God.* Vol. 1, *Primitive Mythology*. New York: Penguin Books, 1976.

Castaneda, Carlos. *Tales of Power*. New York: Simon and Schuster, 1974.

Colorado, Pamela. "Wayfinding and the New Sun: Indigenous Science and the Modern World." In *Noetic Sciences* Review. Summer 1992.

Cowie, Isaac. *The Company of Adventurers*. Toronto: William Briggs, 1913.

Dickason, Olive. *Canada's First Nations: A History of Founding Peoples from the Earliest Times*. Toronto: McClelland & Stewart Inc., 1992.

Evernden, Neil. *The Natural Alien: Humankind and Environment*. Toronto: University of Toronto Press, 1985.

Fraser, James. *The Golden Bough: The Roots of Religion and Folklore*. New York: Avenel Books, 1981.

Friesen, Gerald. *The Canadian Prairies: A History*. Toronto: University of Toronto Press, 1987. (n'a pas été cité)

Gimbutas, Marija. *The Language of the Goddess*. San Francisco: Harper & Row, Publishers, 1989.

Graves, Robert. *The White Goddess*. London: Faber and Faber, 1961.

Haines, John. *The Stars, the Snow, the Fire: Twenty-five Years in the Alaskan Wilderness*. New York: Washington Square Press, 1992.

Harding, Esther. *Women's Mysteries, Ancient and Modern*. London: Longman's Green and Co., 1935.

James, William. *The Varieties of Religious Experience: A Study in Human Nature*. New York: Macmillan Publishing Co. Inc.,1961.

Jung, Carl, ed. *Man and His Symbols*. Réédition. New York: Dell Publishing Company, 1979.

Jung, Carl. *Memories, Dreams, Reflexions*. New York: Random House, 1965.

Knudtson, Peter, and David Suzuki. *Wisdom of the Elders*. Toronto: Stoddart Publishing Co. Ltd., 1992.

Leopold, Aldo. *A Sand County Almanac*. The Oxford University Press, 1966.

Lopez, Barry. *Arctic Dreams: Imagination and Desire in a Northern Landscape*. New York: Bantam Books, 1987.

__________. *Crossing Open Ground*. New York: Vintage Books, Random House, 1989.

Merton, Thomas. *Contemplation in a World of Action*. New York: Doubleday & Company Inc., 1973.

__________. *New Seeds of Contemplation*. New York: New Directions Publishing Corp., 1972.

Milloy, John. *The Plains Cree: Trade, Diplomacy and War, 1790 to 1870*. Winnipeg: University of Manitoba Press, 1988.

Monroe, Robert. *Journeys Out of the Body*. New York: Doubleday & Company, 1971.

Neumann, Erich. *The Great Mother: An analysis of the Archetype*. Princeton, N.J.: :Princeton University Press, 1963.

__________. "Mystical Man" In *The Mystic Vision*, édité par Joseph Campbell. Princeton, N.J.: Princeton University Press, 1990.

Redgrove, Peter. *The Black Goddess and the Sixth Sense*. London: Paladin, Grafton Books, 1989.

Rich, Adrienne. *Of Woman Born: Motherhood as Experience and Institution*. New York: Virago Press, 1986.

Richards, J., and K. Fung. *Atlas of Saskatchewan*. Saskatoon: University of Saskatchewan, 1969.

Saville, Ann, ed. *Between and Beyond the Benches: Ravenscrag*. Ravenscrag History Book Committee, 1982.

Shuttle, Penelope, and Peter Redgrove. *The Wise Wound: Menstruation and Everywoman*. London: Paladin, Grafton Books, edition révisée, 1986.

Spry, Irene, ed. *The Papers of the Palliser Expedition, 1867-1860*. Toronto: The Champlain Society, 1968.

Tobias, John. "Canada's subjugation of the Plains Cree, 1879-1885." In *Sweet Promises: A Reader on Indian-White Relations in Canada*, édité par J.R. Miller. Toronto: University of Toronto Press, 1991.

Underhill, Evelyn. *Mysticism : A Study in the Nature and Development of Man's Spiritual Consciousness*. New York: The New American Library, Inc., 1974.

van der Post, Laurens. *The Lost World of the Kalahari*. London: Penguin Books, 1962.

Woodman, Marion. *Addiction to Pefection: The Still Unravished Bride*. Toronto: Inner City Books, 1982.

__________. *The Pregnant Virgin: A Process of Psychological Transformation*. Toronto : Inner City Books, 1985.

NOTE DE L'AUTEURE

Je dois des remerciements à bien des gens en raison de l'influence qu'ils ont eue sur ma vie, et donc de leur contribution à cet ouvrage, mais pour des raisons pratiques, j'ai dû restreindre ma gratitude à quelques groupes et individus en particulier. Je dois des remerciements aux femmes de la région de Divide-Claydon et de la vallée qui environne Eastend, qui se sont liées d'amitié avec moi et m'ont beaucoup appris. Les écrivains qui sont venus rester dans la maison Wallace Stegner, à Eastend, à l'époque où je travaillais sur cet ouvrage, m'ont aussi prodigué soutien et encouragements, en particulier Sean Virgo et Terry Jordan. Cet ouvrage ne serait pas aussi complet, détaillé et accessible sans la sensibilité et la perspicacité de mon éditrice, Phyllis Bruce, qui semblait souvent savoir mieux que moi ce que je voulais dire. Cependant, tout défaut qu'on pourrait imputer à ce livre serait ma responsabilité. Je remercie donc tous ces gens et en particulier Peter et ma famille, sans le soutien desquels j'aurais abandonné il y a bien longtemps.

BIOGRAPHIES

SHARON BUTALA

Sharon Butala, née Sharon Le Blanc en 1940 à Nipawin, en Saskatchewan, a vécu dans cette province presque toute sa vie, dont plus de trente ans dans le sud-ouest, près de Eastend. Elle était l'épouse de Peter Butala (décédé le 9 août 2007) et a un fils, Sean Hoy, et deux petits-enfants. Depuis la parution de son premier roman en 1984, elle a publié quinze ouvrages de fiction et de non-fiction. Le seizième, un ouvrage de non-fiction, paraîtra en 2008. Sharon Butala a vu aussi cinq de ses pièces de théâtre mises en scène; elle a publié de nombreux articles et essais, de même que quelques poèmes. L'un de ses ouvrages s'est retrouvé sur la liste courte pour le prix du Commonwealth et *Fever*, un recueil de nouvelles, a gagné un prix important. Sharon Butala a également remporté le prix Marian Engel en 1998, elle a reçu deux nominations pour le prix littéraire du ou de la Gouverneur général, l'une pour une oeuvre de fiction, l'autre pour un ouvrage de non-fiction, *Perfection of the Morning*. Elle a par ailleurs reçu plusieurs prix *Western Magazine* et, entre autres, un prix d'argent du *National Magazine*. Récipiendaire de deux doctorats honorifiques, elle est devenue en 2002 un Officier de l'Ordre du Canada.

NICOLE CÔTÉ

Professeur agrégée du département de français de l'université de Regina, Nicole Côté y enseigne la littérature québécoise et franco-canadienne ainsi que la traduction.

Auteure de deux anthologies de nouvelles du Canada anglais qu'elle a traduites, (*Nouvelles du Canada anglais* (1999) ; *Vers le rivage*, (2002, des nouvelles de Mavis Gallant), elle a co-dirigé *Varieties of Exile* (2002), et a traduit des nouvelles et de la poésie de Jane Urquhart (*Verre de tempête* (1997, Instant même), *Petites fleurs de madame de Montespan*, (2000, Tryptique). Elle a co-dirigé *Expressions de la francophonie mondiale* (Nota Bene, à paraître en 2008), et a collaboré à plusieurs revues ou ouvrages récemment parus ou à paraître concernant les représentations des minorités et de la sexualité dans les littératures franco-canadienne et québécoise. Elle a aussi reçu une nomination du Prix du ou de la Gouverneur général pour la traduction littéraire en 1997.

ANTON IORGA

Gagnant de la Dictée des Amériques (junior) en 2000, Anton Iorga termine un baccalauréat avec mineure en français et majeure en anthropologie, et s'intéresse aux questions de langues, de cultures modernes et de civilisations anciennes.

TABLE DES MATIÈRES

Avant-propos de la traductrice iii

Préface à l'édition du
dixième anniversaire de publication vi

Préface 1

Le rêve de l'esprit coyote 11

Appartenance 38

Promenades à cheval et à pied 58

Anomie 84

La subtilité de la terre 106

Des pierres dans l'herbe 126

Savoir 150

Parenté animale 171

Luna 193

Chez moi 217

La perfection du matin 234

Photo Sharon et Peter 243

Sources 244

Note de l'auteure 247

Biographies 248